十年

——中数传媒 央视风云 成立十周年征文集

主编◎刘保平

人民交通出版社
China Communications Press

U0875541

图书在版编目（CIP）数据

十年：中数传媒、央视风云成立十周年征文集／刘保平主编．—北京：人民交通出版社，2014.5

ISBN 978-7-114-11399-4

Ⅰ．①十… Ⅱ．①刘… Ⅲ．①数字电视－传播媒介－中国－文集 Ⅳ．①G229.2-53

中国版本图书馆 CIP 数据核字（2014）第 086062 号

Shinian—Zhongshu Chuanmei Yangshi Fengyun Chengli Shizhounian Zhengwenji

书　　名：十年——中数传媒　央视风云　成立十周年征文集
著 作 者：刘保平
责任编辑：韩亚楠　郭红蕊
出版发行：人民交通出版社
地　　址：(100011)北京市朝阳区安定门外外馆斜街3号
网　　址：http://www.ccpress.com.cn
销售电话：(010) 59757973
总 经 销：人民交通出版社发行部
经　　销：各地新华书店
印　　刷：北京市密东印刷有限公司
开　　本：720×960　1/16
印　　张：14
字　　数：180千
版　　次：2014年5月　第1版
印　　次：2014年5月　第1次印刷
书　　号：ISBN 978-7-114-11399-4
定　　价：38.00元
（有印刷、装订质量问题的图书由本社负责调换）

本书编委会

主　编：刘保平

副主编：朱少军　马　静　刘桂文　左如旗　赵　宁
齐　鲲

编　委：（按姓氏首字母顺序排序）
郭　强　贾立权　姜　涛　刘岩群　李　陈
宋　军　王志刚　王衡生　吴亦欣　杨　涛
杨　镥　周文飞

前言

“人之相与，俯仰一世。”至于十年，蓦然回望，则更觉是弹指一挥间。在工作这场奋斗中，芸芸众生“虽趣舍万殊，静躁不同，当其欣于所遇，暂得于己”时，会“快然自足，不知老之将至”——诚然！至今我投身电视行业30载，三个十年维度，仿佛一次马拉松，信心满满地启程，动力十足地前行，荆棘曲折、阳光雷变充斥其中，但每跑一步、每过一段，都是不同的风景，还有着一群铆足劲、齐呼吸、共分享的同道人，这种体验的怡然，成就着心里的毅然，让生生不息的脚步坚定地奔向终点。

中数——十年，从诞生之初至中天之时，始终在行业的前沿，引领着中国数字付费电视的发展。它将贯彻政府对广电系统提出的发展政策作为己任，以坚实的脚步，在市场中践行着产业准则，为促进中国广电的数字化和商业化进程而全心付出，功绩卓著！它仅用了短短五年时间，就实现了除港、澳、台地区外的全国覆盖销售，并至今始终保持着集成频道数第一、合作网络公司数第一、在线付费用户数第一的全国市场领先地位。中数传媒不断地在成长中整合资源、在发展中互惠营销、在理念上服务于民、在宗旨上造福社会：举办中国数字电视论坛、峰会，汇集行业前沿，分享成功经验；积极探索商业模式，建立渠道培训体系，协助有线电视网络公司推进整转平移及频道销售；联合社会优势资源谋划战略发展格局，创办中国电视网门户网站，提供有力的宣传互动平台；2012年，国内首个由付费电视运营机构出台的平台管理制度《中央数字电视集成运营平台管理办法（试行）》，对规范和促进中数平台各项业务健康、有序发展，维护公司及合作机构合法权益，具有重要的指导意义；全力以赴，打破桎梏，实现并深化了与地方网络公司的销售数据对接，筹建了销售数据管理软件系统；不断调整完善并实施符合实际的频道分账体系，以定量、定性相兼容为原则，使平台频道指标考核更加科学；严把播出关，加密传输管理的频道已达100多个，顺利地实现了各年度及重要保障期的安全播出……一系列举措昭示着中数人的竭心敬业、一项项成果印证着中数人的勤勉务实。那广电领域中的屡次嘉奖、那行业协会中的连年评优、那销售榜上的赫赫战果，成就了自身举足轻重之担当，缔造了平台鹊起远播之声势。

风云——十年，融汇海内外尚品内容之精气，并蓄行业中卓越团队之刚柔，风起云涌、雄姿勃发。它将创办内容过硬、质量上乘的精品频道作为目标，与时俱进改版包装，放眼全球，甄选优质内容，用心智灵慧和创意，打造出中国付费电视的新节目、新样态，通过专业的人员和独具的眼光自制、购买、对外合作，打响了风云品牌，使得央视付费频道越来越受到地网和订户的好评。在中数平台集成的40多套付费频道中，央视风云承制的十几个频道始终名列销售榜前茅。2012年1月1日，央视风云又一次缔造了中国电视史上的传奇：那天，《中国3D电视试验频道》正式开播，根据中央电视台统一部署，3D频道由央视风云负责日常播出和管理。从筹备到开播，短短两个月时间，风云人不辱使命，以出色的成绩圆满地完成了任务。两年来，以央视风云为核心，联合5家地方台，3D频道各项工作有序展开，成绩喜人……风者，行天下，博然四方；云者，揽生机，变化四海。那贯通古今的秉持与仁厚、那吞吐苍穹的神韵及灵性，牵引着奕奕迸发的智慧，让“风云制造”的卓越、独特和价值汩汩涌现、源源不断。

十年之间，一代代中数和风云人团结一心，以美好愿景、高远志向砥砺自身、前赴后继，书写了一个个令中国广电业铭记的历史，创造了一篇篇让付费电视业闪亮的佳话。

忆十年，大家感悟成长、致青春；

话十年，大家悉心坚守、成家人；

望十年，大家快乐工作、铸梦想。

下一个十年，行业的竞争已日益加剧，探索创新业务，梳理新媒体战略刻不容缓。目前，我们在稳步推进传统主业的同时，已全力推进 VOD 业务，以央视品牌包为主要方向，创新营销模式，进一步拓宽宣传渠道，创造新的业务增长点。由此蓄力前行，不断研究符合市场的动态商务模式；突出集成平台监管作用，稳固传统业务优势，以精湛的王牌内容取胜，全面进军新媒体领域；不断开拓对外合作，推进盈利方式的多元；进一步促进体制机制转变，引进外部资本和战略伙伴，为打造跨媒体领域的内容提供平台而不懈奋斗。

未来的数个十年，我满怀期许与祝福，相信——中数、风云将以一贯的实事求是、敬业勤勉、厚积包容、灵动智睿，不断创造突破与超越，并带着当初出发时的意气风发、顽强信念，越走越好。

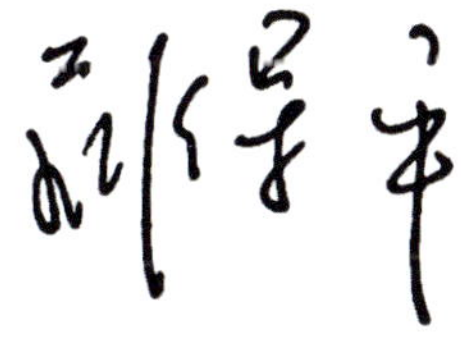

2014 年 4 月

目录

1. 船行十年

——朱少军

人们在形容大江行船的壮美时，总爱借用两句唐诗：潮平两岸阔，风正一帆悬。在我的印象中，中数就像一只乘风破浪前行的大船。还记得中数刚成立时，我曾送给孙玉胜总经理一本书——《这是你的船》，是美国海军军官迈克尔·阿伯拉肖夫对于如何建设一支充满自信、干劲十足的舰队的自述。孙总把他刚出版的新作《十年：从改变电视的语态开始》回赠给我，书中讲述一个从来没有学过电视节目编排制作的人是怎样组织央视十年电视新闻改革的故事。现在回想起来，两本书的内容竟如此巧合，转眼之间，中数这只船已经在数字付费电视的大江大浪中航行了十年。

十年，在历史的长河中只是短暂的瞬间，地上春秋更替了十次，天上刚好120回月圆，但是，十年对于有限的生命却弥足珍贵，人生能有几个十年？回首走过的十年，触目纷来的是行船过程中的每一片段，难忘群情激昂的“公社大会”，“我的未来不是梦”余音犹在，平淡冲粹的3000多个日子里，“鲜花和掌声”并不常见。我们经历过筚路褴褛中的昏垫沉霾，我们看见过栉风沐雨后的天边彩虹，我们曾有江船胜事的喜悦，我们也有过船宕浅滩的困烦。我们亲历了中国数字付费电视的成长。我们见证了中国商业电视的发展。在中数传媒（下文简称“中数”）成立十年之际，冷静的思考比起任何庆典活动更有实际意义，因为中数这只船还要继续前进。我的思考主要有三：一、当初为何出发？二、十年走的怎样？三、今后如何发展？现将这些思考整理出来，以飨读者。

思考一：当初为何出发？

温故而知新，这句话具有思源力厚的意义。要了解我们当初为何出发，还必须从当时的大背景说起。

20 世纪后半叶，人类社会进入了信息时代，第三次浪潮席卷全球，冲击一切领域，“0 + 1”的数字革命成为推动世界前进的强大引擎。而当原有的模拟技术已经成为广播电视发展瓶颈时，数字化就成为全球广电行业发展的必然方向。在很早以前，世界主要国家就把电视信号播出由模拟化转换成数字化上升到国家战略的高度，他们既遵循市场经济的商业法则，也充满着政府行政干预的浓厚色彩，各国政府纷纷制订了最终关闭电视模拟信号播出的时间表。美国 FCC 计划到 2006 年最终关闭（前提是已有 85% 以上的用户能够收看到数字电视）。欧洲各国大多计划在 2007 年至 2009 年关闭。韩国、澳大利亚等亚太国家计划在 2010 年关闭，中国并不甘落后，在 2001 年政府制订“十五规划”时，第一次明确提出要加快广电领域的数字化，随后，在《广播影视科技“十五”规划和 2010 年远景规划》中决定，中国将最终于 2015 年完成模拟向数字的转换。

要在 15 年左右全面完成全国广播电视行业的数字化，这是中国广电史上前所未有的浩大工程，难度巨大。首先要解决的是模转数所需要的几万亿资金问题，钱从何来？当时的资金来源渠道都无力支撑这么庞大的一次转型。靠政府支持？中央和地方财政在广电方面的投入存量长期不足，增量也不乐观。靠银行贷款？广电系统完全不符合商业银行放贷规定，政策性银行——国家开发银行只为此事承诺了 200 亿元贷款，但也有前提条件。靠资本市场？彼时中国的资本市场刚起步且广电系统对资本运作和投融资几无概念。靠广电自筹？宣传属性决定广电系统长期为老百姓提供免费节目，宣传经费不足部分单纯依赖广告收入弥补，全系统市场化程度低下，产业化经营不成规模，并无此实力。但是，数字化发展已经是国家确定的必然方向，即使困难再大，也要迈开步伐。那时的人们通过学习借鉴国外的成功经验，看到了希望，找到了一条解决资金困扰的路子。即用市场力量，依靠大力发展广电商业化运营，最终从消费者手里去取得资金来源。当时有资料表明，在十几年前，美国每年的付费电视收入就已经是电视广告收入的2倍；英国在2003年付费电视收入首次超过了电视机构当年的广告收入，达到32亿英镑。而各发达国家的付费电视渗透率逐年大幅提升。这些数据和资料给我国的决策者更大的期望和动力，希望能在我国复制这些成功的经验。当时，广电系统面临着两大课题：一方面是模拟转数字，体现的是科技进步；另一方面是免费变付费，体现的是商业模式。决策者认为，将这两者捆绑在一起，以商业化为数字化提供资金来源，又以数字化推动商业化经营，不失为一种选择。据此，2003年作为元年，中国的数字电视和付费电视合二为一并轨启动了。这里必须指出的是，国外广电在启动数字化之始，其商业化程度就已经非常成熟了，而我国都是刚刚起步，这是中外最大的差别所在，后来在实践中，我们对这一点感受颇深。

广电总局最初对数字付费电视的发展极为重视，将其作为推进中国广电系统商业化发展的首选目标。当时制订的政策是“政府倡导、社会参与、公司主导、市场化运作”。具体实施策略又是从有线电视网络着手进行。广电数字化是一项系统工程，从节目采编、制作、播送、传输、发射到接收，分配的全部环节是由台和网分别承担的。而有线电视网络既是数字化实现的“最后一公里”，又是商业化运作的最终环节（即是消费者买单的地方），把有线网络公司作为数字化进程的重点就是抓住了问题的关键。

2003年年初，广电总局制订了“网络发展年”规划，提出“网络发展年”的主要任务是“以开发付费频道为重点，中央与地方相结合，建立网络业务的节目运营平台、传输平台、服务平台，以网络公司为主，积极吸纳社会力量，大力开发网上视音频及增值业务，积极开辟为社会服务的新途径和新领域”。并提出网络发展年要达到的目标是“推出若干付费电视频道和多种增值业务，打造品牌，站稳市场，建立‘统筹规划、上下联动、合理分工、整体运营、利益共享’的新体制，力争在三年内全国数字付费电视用户达到3000万户，使网络收入成为广电收入增长的主要来源”。从中可以看出，这些提法都是基于解决数字化进程中所需资金的考虑。政府试图将付费电视作为数字电视的第一推动力，并以此项业务的收入来推动数字化进程。广电总局在2003年批准了38套付费电视频道和8套付费广播，并且发布了对付费电视频道的相关管理政策。广电总局在广发技字〔2003〕601号文件（即《建立有线数字电视技术新体系的实施意见》）中，对我国付费电视的产业链做了界定，据此规定，我国付费电视产业链由内容平台、传输平台、服务平台及监管平台组成。内容平台由内容提供商、技术服务商和频道集成运营平台共同构建，完整的传输平台由国家和省两级光缆干线网、卫星传输和地面无线传输3种传输方式共同构建，服务平台由各地有线电视分配网组建。当时，财政部中联评估师事务所对全部产业链做了大致估算，认为具有超过4万亿元的商业价值。其中：内容提供商大约为2.4万亿元，技术服务提供商大约为6000亿元，传输平台大约为3000亿元，服务平台大约为1万亿元，共同构建成中国数字付费电视的庞大系统产业。

付费电视业态主要包括付费频道、PPV、NVOD和VOD等。根据广电总局《关于推进广播电视有线数字付费频道运营产业化的意见》的规定，付费频道必须通过集成运营平台才能进入全国的用户分配网，付费频道可以采取自主或委托的方式开展市场营销，受付费频道开办机构的委托，集成机构可以采取自主或委托的方式营销其集成的频道。而对于PPV、NVOD、VOD业务，按照规定，各地网在获取许可后由其自行运营。当时，全国尚无一家负责付费电视频道集成运营的机构，为了尽快落实政府决策，根据上级指示，中央电视台出资7000万元，中国国际电视总公司出资3000万元，合计注册资金1亿元，于2003

年10月28日成立了中数。随即，广电总局将全国第一张数字付费频道集成及代理营销业务的运营机构的授权发给了中数。从此，中数在中国数字付费电视的大舞台上，肩负国家赋予的使命，正式登场了。后来，广电总局为了推动付费电视的市场化引进竞争机制，相继又批准了中国有线、上海文广、北广传媒和电影集团等4家数字付费频道的集成运营机构。可以说，中数在市场上“一司独大”的垄断地位尚未形成就被打破了。几家集成运营平台共同存在和互相竞争的格局对中数后来的市场运营产生了很大影响。

中数十年来始终贯彻政府对广电系统发展提出的基本国策和产业政策，在市场中引领中国数字付费电视产业链的形成，为推动中国广电的数字化和商业化的进程做了不懈的努力。当初，我们就是为了这个目标而出发的。

思考二：十年走的怎样？

不谋全局者不足以谋一域。评价中数十年走的怎样，不能仅仅从企业自身发展来判断，首先要从广电发展大局来认识。

先看两组数字及其代表的两大变化——据广电总局2013年蓝皮书统计，截止到2012年年底，全国有线电视用户21508万户，数字电视用户14303万户，数字化率达到了66.5%。2012年，全国有线电视网络收入660.98亿元，与当年全国电视机构全部广告收入1046亿元相比，已占63%，这两组统计数据告诉人们，十年来广电所发生的两大变化：一是数字化进程发展很快，全国已有66%以上的有线用户能收看数字电视；二是商业化运营已见成效，广电领域已不再是单纯依赖广告收入来支持生存发展。而在这两大变化当中，都有中数的支撑作为背书，在广电数字化和商业化的丰硕成果中，无不蕴含着中数的默默奉献，这是对中数十年的总体评价。还要看到，这也是十年来的多方合力，促使了两大变化的实现，政府加大了财政性投入，银行信贷纷纷介入（以网络公司化为前提），广电学会了资本运作，已有8家网络公司完成上市，融资600多亿元，有线网络自身实力大大提升，有能力对网络进行数字化改造。

大商无算，利民在先。十年来，中数积累的不仅仅是平台所覆盖的1.1亿用户和公司3亿多元的资产，中数收获的不仅仅是累计14亿元的主营业务收入和1亿元利润总额，中数赢得的不仅仅是300多名员工的信任和近600万付费用户的支持，更为重要的是，十年来，我们始终传承了国家赋予的企业使命，努力遵循了“创新、合作、服务”的价值标准，牢固树立了“以人为本、让利于民”的文化理念。不断坚持了“市场化取向”和“专业化追求”。中数以及数字付费电视产业链上下游各环节共同的努力，都将对中国广电行业未来发展产生深远的影响。

十年前，刚开始起步时，对于数字付费电视这个全新的事业，别说经验，连教训都少得可怜。十年后，回顾走过的道路，却有颇多的体会和感慨，有以下几点值得总结。

（1）注重抓好市场调研是做好数字付费电视的基础

中数平台刚问世时，就面对两项选择：一是怎样制订技术模式；二是怎样设计商业模式。

在制订技术模式时，央视借鉴此前3/5/6/8套频道的经验，对中数规定了双CA的加密方式，试图用对网络和用户两级加密的技术方式建立起一套完整的B2C体系，这个出发点是好的，目的是最大限度地保证内容提供商的利益，当时，在国内外具有规模的10多家CA厂商中，由央视指定了NDS、IRDETO、天柏及永新同方4家为中数平台双CA合作方。前2家是外企，天柏是中信旗下公司，永新是由一名中国工程院院士的自主知识产权为支撑的民营公司。4家分别参与到中数双CA的技术应用中，然而，在双CA模式的推行中，却遇到了地网的普遍抵制，而另外几家平台又基本上采取了前端解密的模式，甚至有清流到网的做法，为了抢占市场份额，尽快与地网签约合作，以打开销售局面，中数很快就改变了双CA的做法，与地网签约时，普遍采用了“过渡期”前端解密的方式，此后几年，对最初坚持双 CA 的 4 家网络公司也逐步做了调整。

在涉及商业模式时，中数提出了 5∶4∶1 分成方案。即地网在按照三方认可的价格销售付费频道所取得的实际收入中，按照地网获取收入的 50%，频道商获取收入的 40%，集成运营平台获取收入的 10% 进行分配。在销售初期，由于地网并无多少真实用户，而模转数整体平移过程中又急需大批付费频道为推手，所以，绝大多数地网在与中数的商务合作中提出了先行买断、逐步消化的方式，即地网在尚未发展真实用户时，也愿意垫支给中数，换取平台所集成的众多付费频道。所以 5∶4∶1 自始未得以执行，而后，因用户付费渗透率较低，地网买断金额后的消化程度差，地网不再延续先以垫付买断的方式，造成续签合同金额增长乏力的问题。中数在 2006 年以后，又针对市场提出了保底分成的商业模式，而在实际中，只有合同规定的保底数能兑现，罕有超过保底金额之后再给中数分成的案例。双 CA 的技术模式与 5∶4∶1 的商业模式之所以未能坚持，有众多因素，但是，最主要的是，企业在经营过程中，在理想化模式与现实性市场两者之间往往更多的是选择了后者。时代华纳 CEO 曾经说过：企业的经营，商业模式比技术模式更重要，因为前者是企业能够立足的先决条件。说明了企业首先要考虑的是自身在市场上能否立足的问题，而不是事前设计自我感觉良好的理想模式。企业要在市场上立足，先要做好调研，只有经过调研论证后的企业决策才能被市场认可。

数据的统计和分析对于企业经营是至关重要的。由于双 CA 的技术模式没有坚持实施，5∶4∶1 的商业模式自始也未严格执行，造成中数对市场上真实的销售数据长期无从掌握，以至于多年来，对中数平台上哪些频道受欢迎，哪些频道评价差，都无以准确的定量分析。

刘保平总经理到任后，下大力气抓了市场销售数据统计工作。由于地网 BOSS 系统建设不健全，且又无法与中数机房数据对接，面对全国地网重新开展数据统计汇总难度不小，经过一年多的努力，目前，已达到数据统计合格率85%以上，数据统计对象已覆盖1.12亿户，中数对频道销售情况比以前有了更清晰的了解，可以在此基础上做好频道分账工作和内部绩效考核，也为下一步频道实行优胜劣汰做了准备。

（2）坚持求真务实是做好数字付费电视的关键

中数十年来，基本上遵循求真务实的精神，做好集成运营平台的各项工作。

在中数初创阶段，为满足集成运营之需，租用了“亚洲四号”卫星的4个转发器传输频道。后来，伴随着业务增长，中数又租用“亚洲四号”C波段一个完整的转发器。根据广电总局《全国卫星广播电视转星调整总体实施方案》，2007年8月1日起，中数集成的全部频道转至“中星6B”卫星，“中星6B”拥有优质的卫星信号播出资源和领先的加密技术，中数在该星上拥有5个卫星转发器，而竞争对手方面，上海文广和北京鼎视则只有1个转发器。为了做好转星工作，公司从上到下，几个部门共同协调配合，接连几日，大家分赴地网，及时换卡对接，保证了平台转星方案的落实。2006年，广电总局批准开播的付费节目达到133套，（其中付费电视频道117套，付费广播频率16套），中数努力从中发现优质节目集成上台，最高时，集成了地方电视台开办的37家数字付费频道和12套数字付费频率。因为北京、上海等城市网络公司与其关联的集成平台之间互有利益关系，在一定时期内延误了中数平台集成频道的入网落地，导致其中个别频道选择从中数平台退出而转向其他平台，中数积极采取对策，做好沟通，先是于2006年在上海东方有线将央视风云的全部频道落地，随后在北京又与航天网商务合作，为该网60万用户提供了中数平台的内容，此举促使歌华与央视沟通，终于在奥运会召开之前解决了中数平台内容在北京歌华入网的商务合作问题。这些努力进一步增强了中数平台集成频道的号召力，此后，频道集成数量居各平台之首，频道集成收入保持稳定增长。

自2006年始，中数进入了发展的重要阶段。2006年，在国内，模转数经过预热的试点城市整体转换相继完成，广电总局向全国推广的青岛模式、杭州模式、佛山模式以及深圳数字电视整转的经验给各地有线网络运营商提供了参考，他们选择结合各自优势的方法，大力推进数字化改造，逐步开展起付费电视的市场营销。从2006年至2009年，数字化已在全国进入快速发展的时期，这期间，中数扎扎实实地配合各地网络公司做好整转工作，自身也加快了发展。中数的销售团队带着频道商走向全国，开展撒网式的推广活动，与各地有线电视网络全面开展商务洽谈，尤其是利用有线网络为完成整转任务而愿意与中数合作的有利时机，大力做好付费频道的销售工作。这支队伍是中数成立以后自己培养建立起来的，是在央视所有公司中第一支真正意义上的销售团队，他们熟悉付费电视业务，了解各地市场情况，掌握有线网络的人脉关系，在全国各地都能见到他们的身影，有的老同志心脏搭支架了还奔赴各地巡回路演，有的女同志为幼小的婴儿在冰箱内存足了自己的奶水就飞向几千里之外。营销团队采用各种活动方式帮助地网培训销售队伍，提升市场份额。这是一段令人奋进的岁月，出现了收视费收入逐年递增的局面，2004年8月开始销售，当年收入为300万元，2005年达到1370万元，2006年创收2932万元，2007年实现5000万元，2008年完成了8000万元，2009年突破了亿元大关。

在2009年之后，市场上逐步出现了一些新的情况，影响到付费频道的销售和收视费收入的增长。

一方面，地网在此期间纷纷完成了由事业单位改企转制的过程，作为独立核算的企业，地网不再像以前事业单位收支两条线那样考核，在用户渗透率不够理想的情况下，他们不再肯用网络的其他收入继续为付费频道垫支买单。另一方面，市场上出现了互联网视频新的竞争，互联网视频成为资本盈利的主战场，异军突起，抢占市场。此时，国内三大电信运营商大力开展增值业务的应用，其平均ARPU值在50至100元，而广电网络的ARPU值却只有20元左右，各地有线网络为缓解生存危机，急于提升ARPU值，便大力寻求新业态、新品种来增强市场竞争力。最重要的是，2010 年 1 月，国务院决定，加快三网融合，广电总局根据新情况提出了 NGB 的发展规划。NGB 是新一代高清数字化广电网络，NGB 要实现的是每户接入带宽每秒超过 60 兆，比目前上网平均速度要快近 2 倍，NGB 与以往数字化改造完全不同，过去只要达到单向广播式的数字网络就可以了，NGB 适应三网融合的到来，对广电网络提出了向双向异构网络发展的要求，即在原有单向广播通道上加上回传信号通道，高清数字化改造与双向网络化改造结合起来，加上网络宽带技术建设，广电网络丰满的两翼才会飞得更高、更远。在这期间，地网逐步向双向互动化转变，他们更需要提供能够支持交互业务发展的内容，建立继标清付费频道之后的新业务的商务合作，有关平台和社会公司提前抓住了这一契机，积极地组织，提供了丰富的互动业态的产品，从视频点播入手，不断地加强各自在市场上的话语权，而在这个过程当中，由于体制的弊端和多种原因，中数慢了步伐，未能及时参与地网交互业务的发展，在与地网新业态的发展上，出现了问题，这也是对于坚持求真务实方面值得反思之处。

（3）牢固树立“合作共赢”是做好数字付费电视的保证

作为全国性的付费频道集成和运营平台，中数肩负着“一手托两家”的职责。一边是频道内容商，一边是网络分配商。经过中数的集成和运营，频道内容通过网络分配得到市场的回报，从而实现内容商、网络商和集成平台三方共赢，而最终的收入来自于消费者。

频道内容提供商以央视和各省电视台开办的付费频道公司为主，他们寄希望于通过付费电视探索出一条不同于以往电视机构单纯依靠广告收入的路子，同时，为了频道内容建设也盼望多给些分账。众所周知，电视台单纯依靠广告收入支撑意味着整个产业抵抗经济周期波动的风险能力较低，尤其是在数字化时代，频道资源迅速增长而广告的增量有限，必然造成电视台的平均利润率下降，模拟时期因“频点资源稀缺”所拥有的电视广告的垄断利润今后已不可能再有。一般认为，一个国家广告投放总量约占 GDP 的 1%。当经济发展放缓或出现衰退时，广告投放势必缩水，仅仅依靠广告收入生存的电视台就会面临危机。国家提出发展付费频道的初衷也有为电视台生存发展另辟资金来源之意。而多年后，频道内容商在内容建设和频道运营的各种成本不断加大之后却不能得到丰厚的分账收入，他们便会降低频道投入，从而导致频道的品质受到影响，进而又传导到市场上，得不到更多的订购和收入，周而复始，将无以维持。对网络分配商来说，有线用户如果只交纳每个月 20 元左右的网络维护费而不肯为付费电视多掏钱，网络公司则很难持续不断地为购买付费媒资而垫支。中国老百姓多年养成的免费收视习惯成为网络商市场营销付费电视的最大障碍。网络商寄希望于频道商多投入更多、更好的频道内容以吸引消费者，增加订户和收视费收入，而同时又不愿意提高与中数平台商务合同的金额。两者关系如此矛盾，都要靠中数的平衡来达到统 ，这就是中数的市场营销推广和组织。为了推动营销，我们先后于 2010 年和 2012 年召开了两次网络公司销售群英大会，宣传各地市场销售的先进典型，鼓励各地网提高销售水平，加大销售力度，以提高销售收入。有评价说，广电系统从来就没有像电信系统召开过全国性的销售工作会议，而中数开了一个良好的先例。我们的目的就是，通过抓好网络商的销售环节，提高付费频道的盈利能力，多为频道商分账，再促进付费频道的建设，付费频道上下游产业链运转的全过程是合作共赢的过程，中数在其中的责任重大。中数不断做好各方的工作，引领各环节，用双赢的思维找到互惠互利的方法，为数字付费电视产业的健康发展提供了基本的保证。

思考三：今后如何发展？

十年间，中数的数字付费电视成为促进模转数的重要工具，推动了各地有线电视网络的整体平移。与此同时，培育了我国商业电视的市场，人们逐步养成付费收看电视的理念和习惯。伴随着市场份额的不断扩大，中数自身也在不断成长。在中数的成长过程，我们既不溢美成绩，也不避讳问题。任何企业的成长都必然经历从无到有、由小长大、由弱变强的过程，企业要适应市场的变化，制订发展规划，做出正确的战略决策，及时转型升级，才能可持续地发展。中数今后应该如何发展呢？我认为，主要是从以下3个方面做好工作。

首先，要继续履行使命，巩固现有业务。

中数之所以应运而生，就是为了发展中国的数字付费电视，从中数诞生那天起，就以对付费频道的集成和代销运营为企业使命。经过多年的培育，付费电视市场已经初具规模，拥有了大批喜爱并愿意订购付费频道的用户，他们才是付费频道可持续发展的可靠保证。我们要巩固好现有业务，继续做好付费频道的集成和运营，特别是要与地网合作建立起精准的营销模式，认真地分析研究用户对付费频道差异化的需求，及时反馈给频道内容提供商，进而生产和编排满足用户需求的频道内容。应当承认，随着地网整体平移的逐步完成，广电网络已进入后平移的时代，付费频道用户的发展遇到了瓶颈，新用户增加缓慢。在其他新媒体冲击下，部分用户退出广电网，用户对付费频道的退订率有所增加，付费频道节目繁多，内容同质化严重，让用户很难选择。面对市场难度，大多数地网采取“打包低价”的销售策略，付费频道收入在经过一定阶段发展后无法大幅度增长，对于付费频道面临的疲态，有人感叹为三怪：一怪政策有始无终，认为管理层的重视不复当年；二怪网络公司朝三暮四，整转借用了付费频道后，现在把重心转向新业态；三怪数字用户不解风情，对众多精彩的付费频道不肯付款。更有悲观者认为，网络整体平移结束之时，就是付费频道秋扇尽弃之日。确实，付费频道发展遇到了问题，但是我们依然要树立信心，不怕挫折，继续做好现有业务。在这方面，无论是巩固老客户，还是发展新客户，最重要的是，用贴心的服务来增加用户黏度，不被用户所抛弃，要贴近市场，帮助地网制订可行的方案，及时交流推广先进经验，抓好市场策划营销活动，付费频道这块阵地还是可以有所作为的。在市场销售方面，既要巩固好关系型模式，更要注意交易型模式，保持可持续性发展。

其次，要抓住市场机遇，迎接新的挑战。

广电网络在完成数字化双向化网改之后，整体竞争能力得到加强，对中数今后的发展既提供了机遇，也提出了挑战。近几年来，各地网络公司以高清互动为方向，不断开展新业态的推销，各地有线电视网已经从简单地依赖付费频道来推动整转，转变为要在数字化基础上开展多种增值业务来提高竞争力。他们从高清、互动、宽带、跨屏、时移，甚至许多未曾想过的业务入手，为提升 ARPU 值不断推陈出新。在这个过程中，他们更需要有好的视频内容为其支撑。中数要及时针对各地有线网络的新需求，合理调动各方面积极因素，尤其是整合好央视体制内的资源，并与市场外部资源进行逻辑对接，为地网提供他们认可的丰富内容。今后一个时期，重点在 VOD 等视频点播方面，扎扎实实地开拓，满足地网新业态对内容的需求，中数的业务发展才能打开新的局面。

最后，要探索新的渠道，不断做大做强。

中数以往的业务都是基于有线电视网络上的合作与发展。这些年来，随着三网融合的发展，内容、网络、产业的界限逐渐模糊，基于电信网的 IPTV 和基于互联网的 OTT TV 已经成为广播影视节目和社会视听服务的重要传输载体，广电传输网不再是唯一的传输通道和服务平台。世界上唯一不变的就是变化。中数面临的正是市场的多种多样变化。近年出现的 IPTV，定位于相对高端的互动视频服务市场，与有线电视网形成共存竞争态势，发展势头迅猛。截止到 2012 年年底，用户超过 2300 万户，仅上海市，IPTV 用户已近 200 万户，成为未来动力较强的运营渠道。互联网的普及率也越来越高，已接近 50%。截止到 2012 年年底，我国网民规模已达 5.64 亿。互联网的特点决定网民可以自由选择所需内容，互联网交互业务如雨后春笋般涌现，OTT 的兴起正是交互业务中发展最快的应用方式。目前，国家已批准了 7 家 OTT TV 的牌照，2012 年被业内称为 OTT 之年，由于 OTT 没有直播节目，用户忠诚度不够，尚未形成付费习惯，但如果 DVB 和 OTT 结合起来，直播加上交互，则可弥补各自不足。各地有线电视网对此给予极大关注，正在研究商定合作方式。中数今后在与广电网继续合作的同时，尝试事业部机制，扩展多屏服务能力，积极探索与新媒体的合作渠道，拓展业务合作范围，不断提升经济增加值，发掘新的利润增长点。

市场不同情弱者，竞争不保护落后。中数要在过去十年发展的基础上，认真总结经验，不断汲取教训，在创新发展的过程中坚持求真务实，在思想上切忌急于求成，在工作上不搞“形而上学”，中数就一定会有新的成长。

乘风破浪会有时，直挂云帆济沧海，未来十年，中数这条大船将迎着太阳继续前行，驶向蔚蓝的大海。

2. 十年风云小感

——齐 鲲

这是一片承载希望的土地，这是一方成就梦想的热土。十年前，中央电视台孕育了一代新生儿——中数、风云和EPG。襁褓中，他们是那么的柔弱、娇嫩和不经风雨，随之而来的是一批志士，怀揣梦想，肩负重任，护卫和抚育这个新生儿，眼神中迸发出的坚定信念。

十年来，经过挣扎蹒跚，走过坎坷曲折，夭折了稚嫩的EPG。如今的中数和风云，意气风发，健壮恰似擎天挚地、纵情奔跑的美少年，承载责任与梦想，书写创业与传奇。

他们曾被当作长不大的孩子，依偎在母体怀里不能断奶，主业为此步履维艰。迫切需要自力更生，自我发展。在商言商，追逐利润最大化被认为是企业的天性。但作为媒体，必须弱化企业的盈利功能，来实现企业的社会责任。兼顾经济效益和社会效益，如何在企业发展与社会效益中找到最佳的契合点？他们一直没有放弃探索。用自己勤劳的双手、诚挚的热心，硬是在贫瘠的土地上抠出自己的市场生存空间，向台里提供力所能及的服务和保障，不计得失，用自己的诚恳，用自己的执著，终于打开了内外偌大的市场，并逐渐稳住了脚跟、发展壮大，使自己的生活蘸满花香，生命浸泽滋润，小胜靠智，大胜靠德。

公司成立了十年，我也在这里成长了十年。

十年间，从60多张新面孔汇聚成200多张笑脸，由最早经办的6个频道发展到覆盖全球的16个频道，办公区从半层发展到近两整层，经营收入不断创新高。期间目睹了大家共同携手走来的点点滴滴，经受过挫败的团队，总结出工作中要少一些指责与推诿，多一些宽容与理解；少一些争吵与冷漠，多一些真诚与团结。十年间，感觉自己在思维与心智上都有了飞跃，也在公司里度过了人生中的黄金年龄。十年历程充满了喜怒哀乐，十年成长装载的是满满的收获……虽然，这其中充满了种种艰辛和汗水，但我庆幸当初能抓住这个机遇，同时，也是对自我的一种挑战，抚今追昔，真是感慨万千。

回顾十年历程，我们被骄傲地称为公司的奠基人，我们脚踏实地，用辛勤的汗水为公司的发展而耕耘着，我们是劳动创造者。十年来，我们和公司风雨同舟，已经结下了割舍不下的感情，十年青春奉献在这里，但无怨无悔，感谢公司给我们提供生存的土壤，感谢公司给我们提供成长锻炼的环境。十年来，我们早已将公司看作一个可爱的大家庭，这里有我们的依靠与寄托。在这里，我们结下了兄弟姐妹般的情意；在这里，我们所有的摩擦、误解、不悦，都被十年的岁月所融化，沉淀下来更多的是那份浓浓的宽容与深深的责任。

展望未来，我们更加充满信心与希望。我们相信，依靠着卓越的领导团队，凭借着我们凝聚的团队精神和团结一致的毅力，还有我们优秀的战队，我们知道还有更多的荣耀等着我们去创造，我们坚信会迎接下一个闪亮的十年。

3. 感恩在中数轮岗的日子

——陈 磊

自 2007 年 4 月来到中数，至今已有六年多，有太多的回忆和感受。在这六年中，我几乎经历了市场部所有的岗位，下面就回顾一下我在中数轮岗的日子。

入职面试，步入未知的行业

那时我 25 岁，北邮计算机专业本科毕业后，在清华同方做了两年软件开发，然后，辞职组织球迷痛快地看了一届世界杯，然后，和同学一起创业半年多，然后，机缘巧合应聘了中数市场部产品经理的岗位。还记得面试的时候，对面坐了一排人，后来我才知道，坐在我正对面，问我问题的是当时公司总经理王焰。面试最后，我问王总“数字电视的前景怎么样?”王总没有直接回答我，而是让我自己去判断。就这样，我带着对未来的疑问，有幸成为一名中数人。

品牌培训，难忘第一次出差

入职后，我的第一个岗位是市场部的品牌培训专员，虽然不是我应聘的产品经理，但我还是欣然接受，因为领导是个美女姐姐（大方干练的易丽），同事是个同龄美女（聪明可爱的王坤），而且听说可以全国各地的跑。记得入职两周后便出差去泉州，为泉州地网做培训，作为一名新人，深入一线使我更切实感受到了中数在行业中的领军地位，更多了一份自豪感和责任感。同时，也感受到了中数品牌在地方推广的必要性和紧迫性，也特别感受到了中数同事们的热情友善和青春活力。就这样，我带着对工作的初识，开始爱上了这个集体。

产品经理，独当一面广结缘

2007 年 5 月，入职一个多月后，被任命为产品经理，直接领导是踏实沉稳的陈振林。作为连接频道和地网的桥梁，我独自负责风云音乐、女性时尚、央视精品 3 个频道的市场推广，并重点负责华东和华南两个大区地网的市场支持工作。公司当时另外两名产品经理是精明能干的任靖和陈敏利，他俩如大哥、大姐般给我很多关照，我们 3 个人的业务覆盖了全部风云频道和全国所有地网。还记得刚接手工作时制定的“盘点资源、分析数据、各个击破”三步策略；还记得与振林和郭强老师一起去合肥洽谈风云音乐频道合作活动；还记得与销售部唐婉和频道部李蓓一起出差淄博，她俩为我挑了一件 T 恤；还记得作为央视尊贵之旅第二季活动的领队，在与来自全国的幸运观众临别时的依依不舍。短短四个月，我与公司内外的同事、客户快速建立起了良好的关系，并对付费电视市场有了更深入的理解。就这样，我带着对行业的理解，渐渐融入了这个集体。

广告推广，不以事小而不为

2007 年 9 月，随着公司组织结构调整，取消了产品经理这个岗位，于是，我变成了广告推广专员，直接领导是细致周到的陈涛。主要工作是负责收集频道资料，并通过 FTP 等向全国地网及媒体提供，还负责中国电视网与央视国际的对接以及《公社》杂志与高信达的对接。还记得刚接手便梳理了工作流程，制订了 FTP 内容提供规范及使用说明；还记得每天在 QQ 和 MSN 上应对各个地网同仁的需求；还记得主动提出中国电视网论坛发展方案。这段时间的工作虽然琐碎，却非常重要，需要很强的责任心和耐心，我一直以“勿以事小而不为”自勉和要求自己。三个月的工作，使我对中数平台各频道内容、对中国电视网、对《公社》有了更全面的了解，也在对外合作工作中不断实践、领悟，提高了自身的沟通能力。就这样，我从点滴小事中，磨炼着心性。

频道集成，续约回款交朋友

2007 年 12 月，随着频道集成从销售部划归市场部，我的岗位又变为频道集成专员，直接领导是极具亲和力的宋军老师。主要工作是维护地方频道良好的合作关系，完成集成传输费任务，以及协助频道制订营销策略，拓展收入渠道，并给予频道力所能及的支持和帮助。还记得，当时法律服务频道下线终止合作后仍有欠款，通过我从中协调，使双方在终止合作后表现了友好和互相理解的态度，最终频道一次性结清了欠款，我与其频道总监也成了忘年交。通过一年半的工作，理顺了所负责各频道的工作，并与所负责过的 11 个频道均建立了良好关系，使专业素养、待人接物、沟通能力、随机应变能力、执行力、创造力、计划性有了全面提升。就这样，我怀着对频道的真诚，收获了频道的友谊。

数据分析，期盼源头活水来

从事频道集成工作期间，还兼负责过一段时间数据分析工作。由于数据源技术部提供的数据不包括前端解密的地网且无法区分是否存在免费试看用户，所以，数据只能反映双 CA 地网覆盖用户数的变化情况，并不能真实反映市场纯订购量的变化情况。即便如此，我认为数据工作也是十分必要且意义十足的，而且几家平台当时只有中数能拿出这样的数据。出于对数据的重视，主观上很想把数据工作做得更好一些，加上数学基础还不错，工作态度和结果都得到了领导认可，为此公司特别给我发了奖金。还记得在当时的工作总结中，我提出最真实的数据来源于地网，针对全国地网的数据进行市场分析，这对中数、对地网、对频道、对整个产业，无疑具有重要的意义，建议中数担负起这样的使命，着手解决这个问题。十分欣慰，如今中数克服了诸多困难，数据工作已取得了质的突破。

资讯专员，编辑杂志写报告

2009年6月，岗位变为资讯专员，直接领导是温婉平和的王安华。主要负责《公社》电子杂志的编辑，以及一些行业研究报告的撰写。还记得为了扩充杂志内容，先拿自己“开刀”，将自己的球迷历程在《公社》连载发表；还记得开创了“每月之最”栏目，对员工们当月发生的有意思的事进行盘点。半年的工作，对公司的企业文化有了更深入的理解，并以《公社》为平台，与公司各部门领导及同事有了更多的沟通联系；通过行业研究报告的撰写，加深了对行业及公司发展战略的认识，并锻炼了写作能力。就这样，我在文案工作中，找寻着未来。

VOD事业部，白手起家广撒网

2009年11月，参加公司内部竞聘，被任命为央视风云VOD事业部副经理，被任命的经理和另一名副经理分别是成熟稳重的郑伟和朴实严谨的刘安阳，我主要分管公司VOD业务市场拓展方面的工作。还记得敏锐幽默的志刚老师把我叫到办公室告诉我竞聘消息并鼓励我试一试的情景。当时觉得特别欣慰，与竞聘无关，只为领导的认可和鼓励。新部门刚成立相当于白手起家，从协调办公室，到人员招聘，到业务培训，到制订预算，到市场研究、市场开拓等。这些经历让我在VOD事业部短短几个月，成长很快。从一名基层员工，完成了到管理者的角色转变。

市场研究与新业务部，开拓创收带团队

2010年5月，随着VOD事业部职能定位的调整，我又回到中数市场营销中心担任市场研究与新业务部经理，直接领导是果敢干练的马春斌。我主要负责新业务拓展和创收，还兼管市场研究、媒体、宣传品、客服、舆情等几项常规工作。6月份完成了团队的组建，其中，全梅君和徐守锋是刚毕业的学生，这是他们的第一份工作，这尤其让我深感责任之重，我发自内心地希望帮助他们成长。半年的工作，对IPTV、手机电视、各种项目做了很多开拓性的尝试，深刻体会到了创收的艰难。就这样，我与年轻的团队，开始共同成长。

媒介资讯部，运营中国电视网

2010年11月，随着新任公司领导对于经营理念和战略方向的调整，我所负责主要工作变为以中国电视网为核心业务，部门名称随后也更改为“媒介资讯部”。我带领团队在央视网的大力支持下，仅用两个月的时间就完成了中国电视网的改版工作。2011年1月1日，中国电视网全新上线。这6年多来，我一直强调我们就是中数的创业部门，一直督促团队成员不断努力进取，一直坚持学习和分享。如今，我已不用在每周例会上苦口婆心讲解，我已可以更多授权，我的精力已经可以主要放在抓产品、培养团队和探索未来上。就这样，在不觉中，我们都成长了。

我由衷地感谢在中数轮岗的日子，感谢公司给我提供了一个广阔的平台，感谢我的每一位领导对我的培养和帮助，感谢仍在或者已不在中数的同事们对我的关心和爱护。

最后，还要特别感谢公司为我们组织丰富多彩的活动，让我收获一帮打球的兄弟；感谢公司在徐守锋危难的时刻给他的帮助和支持，让我感觉特别温暖；感谢初次与刘总见面还不认识他时他在电梯里的微笑，让我无比认同快乐工作的企业文化。今后让我留恋的，一定是这些，而不是别的什么。

中数，十周岁生日快乐，永远爱你。

4. 在 路 上

——丁晓春

时常想起那首歌："那一天，我不得已上路，为不安分的心，为自尊的生存，为自我的证明，路上的辛酸已融进我的眼睛。心灵的困境已化作我的坚定……"在中数传媒职业生涯的七年，我们何尝不是一路艰辛、一路求索。

2006 年的夏天，我应聘到中数传媒从事付费频道的销售业务。公司网站对中数传媒的介绍：中数传媒是由中央电视台投资组建，经国家广播电影电视总局授权的中国付费电视运营中心，是我国第一家范围覆盖全国的，从事数字付费频道集成及代理营销业务的运营机构。多个"第一"的头衔，让人们在付费电视方兴未艾的时候对它的未来充满了想象。

之后的几年，中国标清付费电视产业高速发展，销售工作充满挑战而富有意义。记忆中最深刻的是不停地奔波在拜访客户的路上，其中最艰辛的是去贵州盘江煤电，那是一个在山沟里的企业，从北京到盘江煤电公司的路途用万水千山来形容丝毫不为过，先是 3 个小时的航班，然后还要坐 6 个小时的绿皮火车，在西南特有的喀斯特地貌的高原上穿山越岭到达红果小镇，最后再坐上 20 分钟的"黑摩的"到客户单位。在如此偏远的山区、矿区，每一个家庭竟然能收看到我们的数字付费频道，现在回想起来，仍然觉得奔波的辛苦非常有意义。云南、贵州区域的故事是如此生动而历历在目，全国其他地方区域发生的故事一定更加精彩。

在路上不停探索的不止有中数传媒，还有各地的有线电视网络公司，他们同样在有线电视数字化、产业化的道路上苦苦地求索。我负责的贵州省是整合最彻底、市场化比较好的省份。贵州最先数字化、市场化的地网是贵阳市网，然后是遵义、安顺市网，那时，用户对整体转换的理解就是涨钱，不理解的用户追打负责整体转换的有线网职工的情况时有发生，推广付费频道的难度可想而知，在这种情况下，遵义市网每双周末会选一个小区搞一次宣传活动推广付费频道，风雨无阻。如今六年过去了，地网的付费销售收入从每年的几万增长到几百万甚至上千万，我们的收入也翻了四番。短短几年，当初一穷二白的地网大多已是资产千亿的大型企业，当年负责付费电视销售的地网朋友，大多从不懂市场的生手，成为能够独当一面的领路者。

从地网和中数传媒的发展历程可以看出，我们每一个人伴随着中数传媒的成长而成熟，中数传媒伴随着地网的发展同步成长。经验表明，中数传媒只有紧紧地跟上地网前进的步伐，才能站立数字电视付费产业的潮头而不迷失方向，中数传媒的每一名员工才能享受企业成长的红利。

中数传媒的发展得益于“解放思想、实事求是”，当年，在签约地网和金额难以快速增长的情况下，中数传媒根据市场的实际情况，摒弃条条框框的束缚，没有“等、靠、要”，而是果断调整商务模式，使得签约地网数量和签约金额大幅增长，迎来快速发展的黄金期。今天，中数传媒在三网融合、双向互动快速发展的新环境下，遭遇到了前所未有的困难，我认为，“解放思想、实事求是”，敢于面向市场的勇气和魄力仍是中数传媒前进的指导思想。

中数传媒的今天来之不易，是数代领导和员工辛勤汗水的结晶。在前行的路上，无论遇到多大的困难，我们没有理由懈怠，唯有以百倍的坚韧、千倍的毅力、万丈的豪情，克服重重困难，昂首向前，阔步前进。

这，是为了每一个中数人，也是为了每一个深爱着中数的人。

“……在路上，用我心灵的呼声；

在路上，只为伴着我的人，

在路上，是我生命的远行，

在路上，只为温暖我的人……”

5. 我的十年口述史

——方光秀

风云是我的第一份正式工作。

十年前，3150元的税前工资，扣除劳务20%的税，到手2520元。我很满足，因为我能自己交研究生的学费，年底，还能给妈妈压岁钱。

我家在县城，那些年大家追的是超女。过了几年，县城里开始普及数字电视，家里人终于看到了我工作的《世界地理》频道。我爸看，从片头一直看到片尾，最想看到我的名字；我婆婆也看，看完就给我打电话，找点儿和媳妇的共同话题。表姑很讲义气，一直在家里给频道大做广告。她是英语老师，常给学生补课，听说真有不少学生买了地理频道。

工作中，也认识了不少观众。有一次做营销活动，一位观众给频道送来一幅自己绣的十字绣。汶川地震的时候，一位家住都江堰的观众，受了灾，电信网络恢复正常时，她竟然想到给频道打电话报平安。

前年，有一位退休的外科大夫，看到了频道播的一个医学纪录片，激动万分，希望通过我们联系美国相关机构，把人家的医术引进来。最后，她虽然没能达成愿望，却给频道邮寄了满满一大包宣威火腿。

印象深刻的还有一位南京的王阿姨。从她第一次给我打电话到现在，已经差不多有7年。每年都给我打一两次电话，说说家常，或是邀请频道的人去南京玩。永远中气十足，生活在路上。

他们跟我的亲人不同，他们原本不认识我，却是因为对频道的信任，因为大家共同的投入而结下了友谊。张朝夕老师在频道开播前说的一句话，后来被公司领导反复引用，他说，要像爱护眼睛一样爱护我们的频道。这种珍惜羽毛的态度，在现在的我看来，其实是一种文人的气节。一个商业频道，不猎奇，不卖弄，不迎合，坚持传播有价值的节目。也因此换来许多观众的赞美，成为我们在风云工作的原动力之一。

前面一段时间，表姑不太推销我们的频道了。因为我告诉她，自己去了3D频道，后来又到了VOD部门。3D和VOD，对她和孩子们来说，都是新鲜事。

在3D频道的时间很短，像一场轰轰烈烈谈过的爱情，只有瞬间，却火光四射。以至于回忆自己在风云的大事记，最先想到的便是奥运直播和拍摄春晚纪录片。沾着新技术的光，大家获得了可以尽情发挥想象和技术的空间。拍什么，怎么拍，拍多长，没有人限制你，一切由作品说话。

拍摄春晚幕后时，我有机会采访了两位大腕，赵本山和郭德纲，但结果截然不同。前者异常顺利，后者则是彻底的失败。反复咀嚼其中的原因，技巧、心态、准备、积累，每一个环节都影响采访走向。而其他的工作，我们的人生，又何尝不是如此？这是我在风云八年后，收获的又一次成长历练。

2013年，我加入了新媒体中心，和同事们一起，挑战VOD的新任务。这个市场群雄逐鹿，已是山头林立。我们冲入其中，正像骑行一座高山，要想到达终点，最好的办法就是一路向前。即使山路陡，道路曲折，也不要停。眼前的十米过去，也许山顶就在那里。

还记得当年毕业，有个同学跟某家单位签了份八年的合同，所有人都在讨论，这不是签卖身契吗？而如今，我自己在一家公司却待了快十年。总结我的十年，虽没有风的潇洒、云的变幻，却能在风云的庇护下，有所学，有所长，有值得追随的老师，有亲爱的同事朋友，这是我的幸运。期待风云下一个十年，更美好。

6. 中数日记

——关雪峰

不经意间，时光荏苒，来到中数已经快十年了，总感觉没那么长（也许是快乐工作的原因），现在回想起这十年，时光的片段不断在脑海中闪现。

2004 年 7 月 29 日，晴，京门大厦 1025 办公室

今天是我去中数上班的第一天，既兴奋又紧张，中数传媒是我人生中第二份工作，第一份是个大型国企，论资排辈，感觉年轻人很难出头，于是选择离开，经过笔试和面试，幸运地成为首批中数员工。

来到京门大厦 10 层新装修的办公室，看着一个个年轻的面孔（原来我在上一家公司算是“小孩儿”，在中数我的年龄可属于“少壮派”哟！)，眺望落地窗前的美景，正在得意的时候，领导一句话立刻让我清醒不少：“雪峰，咱们公司刚成立，电脑还不够，你暂时没有办公电脑，你再等等……”他顿了一下，“你要有办法，拉点赞助也行！”“什么，电脑还得拉赞助？还是说我赞助公司台电脑？”我边琢磨边接过领导发给我的笔和本子。这时，身边走过一个拖着行李箱的同事，边走边嘟囔着：“靠，我都两个月没发工资了，出差还要自己垫钱！”我瞬间五雷轰顶，心想：“完了，这是啥公司？被骗了！”

背景解读：2004 年夏天，中数传媒刚刚成立，各项工作都处于起步期，各种制度都不完善，人员不断地增加，业务快速开展，因此有些后勤工作跟不上进展，难免让新员工产生误会，年底各项工作基本走入正轨。

2005年7月10日凌晨3点，天气不详，京门大厦1028会议室

1028会议室灯火通明，高清项目组还在讨论《央视高清频道落地技术方案》各个部分，我写的数据对接部分已经讨论通过，真的很饿，那时候，9楼还有自动售货机，买了几包烤馒头片，刚拿到会议室就被抢光。“唉，吃了两片就没了，什么时候能走呀？希望明天能按时回家。”我陷入沉思中……

背景解读：2006年世界杯临近，中国第一个高清频道——《央视高清》频道将直播世界杯赛事，该频道的技术加密及全国落地推广工作交给了中数传媒，我们技术部门的首要任务是，保证世界杯前，高清信号在试点城市迅速落地。

2006年5月17日，阴，杭州华数会议室

今天会议室的气氛并不“和谐”，杭州华数的技术主管对我们制订的《中央节目平台用户管理系统接口规范3.0》“横挑鼻子，竖挑眼”，其实我心里也明白，如果升级这个接口，地网需要再投入，付费电视刚刚起步，谁也没赚几个钱，还真金白银地往外扔，肯定不情愿，所以找理由百般推脱。人家的地盘上，我们也不能太强势，从技术方面，从业务方面，分别解释升级接口的必要性，最后，他们没什么可说的了，跟我扯到“超级女声”，这个倒把我给问住了。

背景解读：两级CA对接运营一段时间以后，中央与地方的数据总是对不上，于是我们制订了新的用户管理系统接口规范，主要解决结算数据对账问题，2005年开始在全国地网公司推广这个技术标准，受到阻力较大。

2007年1月14日，晴，三亚某酒店会议厅

我们正在参加由中数主办的全国付费电视年会，三亚的阳光真好，我正琢磨着会后去哪儿游泳，忽然接到机房同事的电话，说卫星信号都黑了，我估计是天气原因，并没放在心上，回京后发现这个事件并不“简单”，对日后我们的工作重点产生了深远的影响。

背景解读：2007 年 1 月 14 日，“亚洲 4 号”卫星出现问题，影响我平台付费频道播出，付费频道安全播出引起广电总局的重视，随即，在 2007 年 1 月 17 日，把中数传媒付费电视纳入广电总局安全播出管理体系进行监管。

2008 年 6 月 23 日，阴，香山

中数技术部在香山召开业务会议，总结上半年工作，拓展创收项目。由于没有完成创收指标，我已经连续三个月被扣了绩效工资，收入腰斩，可谓“转眼回到解放前”，会上，我带着无比郁闷的心情谈了半年技术创收工作中的得失与困惑，领导同事身上都背着任务，谁也不好过，硬着头皮也要上呀!

背景解读：2008 年全球经济危机袭来，公司当年目标是要求业务收入做大，“广开渠道，全民创收”。因此，我们技术部门也承担了业务收入指标，指标层层摊派，月月分解，并与个人的绩效工资挂钩。

2009 年 10 月 1 日，晴，京门大厦 911 机房

2009 年年初，我的岗位调整到安全播出工作，“国庆 60 周年阅兵”作为第一个重大安全保障任务，我将责无旁贷地在机房一线值班，想想每年国庆长假都是出游的好机会，心里总有些小小的遗憾，好在国庆安全播出工作很顺利，看着京门大厦上空飞过的“歼 10”战斗机，感觉能给见证这一重大历史时刻，并做出一点贡献是十分欣慰的。

背景解读：“国庆 60 周年阅兵”是中央电视台首次通过《CCTV－1 高清》频道向全国播出的重大政治活动，该频道由我公司加密管理，活动期间由于表现出色，我公司荣获广电总局颁发的“国庆六十周年安全播出先进集体”奖。

2010 年 11 月 3 日，阴，京门大厦 531 会议室

今天公司举行了“安全播出管理规定知识竞赛”，这是我第一次组织知识竞赛，由于经验不足，会上出了不少纰漏，好在有专业的主持人和摄像团队，总的效果还不错哦！嗷，对了，那时候刘总刚来公司不久，花一个下午观看了整场竞赛，最后发奖并总结发言。

背景解读：2010 年年初开始，广电总局在全国推广《广播电视安全播出管理规定》（62 号令），全国各个安全播出单位都要宣传贯彻。

2011 年 1 月 23 日，晴，京门大厦 911 机房

听同事说我们得奖了，赶忙打开广电总局网站，哈！果然，还是一等奖！太高兴了，这是我们得的第一个省部级奖——“国家广电总局技术维护先进台站一等奖”！从 2007 年对安全播出完全没有概念到 2011 年荣获广电总局安全播出系统全国一等奖，这对于我们这个年轻的公司来说意义重大，也说明我们这几年的努力没有白费！

背景解读：“技术维护先进台站奖”是广电总局为表彰全国广电系统技术维护及安全播出方面的杰出单位而设立的奖项，每年全国 100 多家参评单位竞争 5 ~7 个名额。

2013 年 6 月 22 日，阴，京门大厦 911 机房

我正在处理一起事故的后续情况，但心里却惦记正在羽毛球馆进行的“总公司羽毛球团体赛”决赛，最终我们公司 2∶3 惜败总公司，虽败犹荣，因为我们已经尽了最大的努力，我们的成绩令其他公司刮目相看，但我知道，取得这样的成绩与平时的努力是分不开的：羽毛球队平时训练非常刻苦，每周一、三、五中午固定训练，雷打不动，有的队员周六、日还要参加小区羽毛球俱乐部的比赛，不训练的时候再研究一下羽坛高手的比赛视频。“一分耕耘，一分收获”，谁也不是天生的高手，都是努力的结果。刘总很高兴，不仅宴请了队员，还给公司每人发了奖金，感谢羽毛球队！感谢公司！

背景解读：2013 年 6 月 20 日至 21 日，总公司工会组织的第二届职工羽毛球比赛，采取团体赛方式，经过激烈拼杀，我公司夺得亚军。

中数十年，无数平凡而感人的场景历历在目，以上只是筛选出几个代表片段，除去童年和暮年，人生能有几个十年？我很荣幸能在中数度过黄金十年，很荣幸跟中数一起成长，跟中国数字付费事业一起成长，感谢中数！

7. 北漂岁月：相伴

——高　峰（中数传媒）

说实话，深圳的气候我很喜欢，深南大道的美景也让我着迷，没事的时候还能去个大梅沙，免费洗个海水浴。无奈的是，年轻气盛的我得罪了顶头上司，毅然决然地递交了人生第一份辞职报告。失业的这一个多月以来，我每天很早起床，第一件事就是查看电子邮箱，这天终于等来了一封来自北京的邮件，通知我去面试，为了节省开支，我在罗湖火车站买了张坐票，我的北漂生涯就从这 29 个小时的路程开始了。

2005 年 10 月的北京有点儿秋高气爽的感觉，在同学的帮助下，我很顺利地租了间北五环外的房子，准确地说是租了一套房子中的一间小卧室，一张单人床，一个简易小桌子，一把旧的椅子，月租 500 元，押一付三。这时的我第一次尝到了合租的感觉，没有钱，没有信用卡，也没有那把破木吉他，更不知道我的小公主在哪儿？幸好，北京的摊煎饼还挺合我的胃口，往后餐餐得靠吃煎饼过日子了。我躺在床上，望着窗外，想着明天的面试，既来之，则安之，既然我选了这条路，我就一定要咬牙坚持，我相信我不会一直这样，年少无知的我开始憧憬着美好的未来。

“说说你对我们公司的了解。”一位人事部面试官问我。

“中央数字电视传媒有限公司是 2003 年成立的，主要从事数字付费电视的集成、加密和运营，目前节目集成平台共有 30 多套付费电视节目。”幸好来之前，我上过公司的网站。

“那么，谈谈你对付费电视的了解。”一位戴着眼镜的面试官，表情很严肃。

“说实话，我没看过付费电视，对付费电视也不是很了解，应该属于付费才能收看到的电视节目。”我的回答让我很心虚，这简直就是胡编乱造嘛，早知道来之前好好在网上查查。

半个小时的时间，我把自己的过去、特长，还有所谓的理想神侃了一番，期间还为了活跃气氛偶尔幽默了几把，说得几位面试官都笑了。我暗自欢喜，看来之前的几次面试经历给了我很大的帮助，这次八成是有戏。

“最后一个问题，你对未来的规划是什么？”还是那位人事部的面试官问道。

“我很看好数字电视产业的未来，我希望能够加入其中，用我饱满的热情不断学习，努力为公司的发展和数字电视的发展做出贡献！”数字电视是啥我都没闹明白，我还很看好它的未来，说完我自己心里都觉得好笑。不过，以我多次面试的经验，该唱高调的时候咱就得唱高调，这是态度问题。

果然，一个月后，我顺利地入职了，我加入了技术播出中心的推广服务部，成为一名技术工程师，负责区域的客户技术服务和系统集成业务，我暗下决心，一定要好好混，先解决温饱问题再说。

很快，两年过去了，公司按照广电总局的统一要求和部署，完成了卫星广播电视转星调整工作和地方频道的加密工作，付费电视的整体运营步入了正轨。这两年当中，我得到了领导和同事的很多帮助，并通过各种渠道不断学习，这时的我才觉得算是在这行入门了，开始对数字电视的系统架构有了清楚的认识，也对付费电视的定位有了准确的了解。

“孩子，回家吧，在老家也不愁吃的不愁穿的，我们给你找个工作，你一个人在北京太辛苦了，回来吧。”电话那头的爸妈估计是又想我了。

“没事，我在这里挺好的，单位工作也不错，领导和同事们也对我挺好，而且，最重要的是，我对这个行业特别感兴趣，我想留下来继续发展。”在我的印象中，这句话说了好像有N次了。出门在外，在父母面前，报喜不报忧是我的一贯策略。

2008年，随着数字电视业务的快速发展，公司付费电视业务也在快速推广，取得了三个“第一”的好成绩——频道数量第一，签约地网数第一，付费电视收入第一。在这一年，我被划入到系统集成部，并幸运地通过竞聘成为部门经理，负责企业网的数字电视系统集成业务。升职加薪让我不再为温饱问题而发愁了，理想离我又进了一步，不过也让我压力倍增。领导告诉我，一个出色的部门经理，不仅要有突出的个人业绩，还得有好的管理水平。管理我可是一窍不通，看来，领导也不是那么好当的，咱还得继续学习。为了当好这个部门经理，我还专门买了几本管理学的书，边工作边学习，渐渐地知道了管理的一些方法和技巧。

2009年和2010年这两年的工作很忙碌，一方面，CCTV1和CCTV高清两套高清频道和央视纪录频道相继开播，我和我的同事在台领导的带领下，奔赴各地广电网络公司，负责频道的落地推广和技术支持。另一方面，我们部门还承担了2000多万元的创收任务，我和我的团队也经常出差推广系统集成业务。

在2010年上半年，我和我的团队遇到了空前的压力，赶上数字电视系统集成业务的淡季，因此，确认收入完成的很少，按照公司财务制度的核算，那几个月平均工资还不到1000元。正当大家焦急万分的时候，我知道，我必须鼓励大家要有战胜困难的决心和勇气，同时，我根据市场变化，果断调整营销的方式，最终，在团队的共同努力下，我们在年底完成了公司交给我们的任务。而那一年，我也第一次被大家推选成为公司的优秀员工。捧着奖杯的我，心中异常平静，因为我知道，这不是我个人的荣誉，而是我这个充满勇气、充满战斗力团队的力量，更懂得了团队协作的重要性。我决心，要带出一个邀之能来，来之能战，战之必胜的队伍！

这一年，我领略了祖国的大好河山，体验了各地的风土人情。

这一年，我觉得我长大了，有过痛苦，经历了痛苦后，我变得坚强，有韧劲了。

这一年，还有一件值得欣喜的事儿，我找到了我那可爱的小公主。

随着三网融合政策的落实和推进，全国各地省网整合如火如荼，数字电视系统集成业务也趋于萎缩。2011 年，根据公司业务统一安排，我由系统集成部转入了规划设计部，负责跟踪行业政策导向、新技术发展的调研和公司技术系统的整体规划改造。霎时间，我仿佛又进入了一个全新的领域。

这个时代，搞 IT 的十分不容易，IT 技术是日新月异，不断淘汰更新，数字电视技术刚弄清楚，又赶上了各类新媒体的兴起造成对传统媒体的冲击。市场瞬息万变，机遇稍纵即逝，在忧患意识的驱使下，我知道，必须未雨绸缪。为此，我又带领团队加足马力适应新的环境，学习新媒体技术，参加各类行业论坛会议，奔赴各地收集资料，最终完成了《新媒体对中央电视台的影响 1，2》课题论文，总算是又跟上时代潮流的节拍。另外，为保障中央节目集成平台的播出安全，我们完成了各项平台技术系统的更新升级。由于还涉及其他领域的系统改造，因此，我们也利用业余时间加强学习，通过参加项目管理培训，在项目的时间、进度、成本和施工质量的控制和监管方面积累了不少经验。

中数是个充满了人情味的大家庭，只要有困难，大家都会伸出援助之手，捐款捐物，贡献自己的一份儿力量。有一位同事，突发急性白血病，生命危在旦夕，急需大量骨髓，在这生死攸关之际，我看到身边许多同事都毫不犹豫地挺身而出，那一刻，我真的被感动了。

我想说，中数是一个大家庭，为我们点亮希望，让我们燃起梦想。

我想说，中数是一群孩子的家长，为我们指明方向，让我们茁壮成长。

有人把数字电视看成是一场革命，从标清到高清，从单向网到双向网，从单屏到多屏，不断改变着用户的体验方式。现在的人们不再被动地去“看电视”，而是“我点你播”，各种增值业务的推广给人们的生活带来了便利，同时也带来了乐趣。

2012年，一部《阿凡达》影片掀起了3D热潮，由中央电视台牵头，6家电视台合力创办的中国3D试验频道在2012年元旦顺利开播了，而公司负责3D试验频道的内容制作、包装、加密和传输。为了这次3D频道的顺利播出，公司专门成立了3D频道事业部，从领导到基层员工，无不倾注了全部的精力和汗水，多少同事主动放弃了休息日和节假日，终于等到了这一天。还记得在3D频道开播仪式那天，很多同事全神贯注地看着电视屏幕，就像看着自己刚出生的孩子，纷纷流下了喜悦的泪水。看到我们国家自己的3D频道上星播出，着实是一件鼓舞人心的事儿，一种自豪感油然而生。为此，我还特地关注了那天的新闻联播，愣没想到自己还露了把脸，哈哈，咱也是上过新闻联播的人了。

2012年又称为“管理年”，公司提出了“加强管理，强化执行力”的先进管理理念。首先，公司加强了内部管理，梳理并完善了各项管理制度，建立了信息管理平台，极大地提升了员工的工作效率。其次，公司坚持以人为本，提出让员工快乐工作、和谐生活。在党团工会的组织下，开展了各类培训和拓展活动，丰富了员工的文化生活。

在公司领导和全体员工的合力下，付费电视的收视费历史性地突破了亿元大关，各项业务也在不断开展，公司对人才的渴求也越来越强烈。由人事部组织的新员工培训开始了，我有幸代表技术播出中心做了发言，看着这些朝气蓬勃的新同事们，我感触良多，回想当年，我也和他们一样，怀揣了满腔的热忱，为着自己的理想去打拼。他们是中数传媒未来的希望，他们是数字电视未来的希望！

2013年是公司成立的第十个年头，在我北漂的岁月里，公司就像我温暖的家一样，是我最留恋的地方。直到现在，每当我早上走到公司楼下的时候，我的心里就会莫名地涌起一股力量，让我浑身燃起了激情。

如果没有你，我不知道我会在哪里；

如果没有你，我也不知道我还是不是自己。

是你给了我梦想；

是你点燃了我心中的希望。

十年的你，长成了一棵大树，根基深厚，枝繁叶茂；

十年的我，积攒了丰满的羽翼，放飞理想，为你翱翔。

有了你的相伴，我不再漂泊流浪；

有了你的相伴，我才能健康成长。

我想对你说：中数，谢谢你，让我们一起与你相伴到永远！

8. 突然十年成为过去，方知岁月待你不薄

——郭　钟

十年，能够让我经历什么？记得什么？又忘记什么？

如果说十年太长，比起人生漫漫长路也不过只是一段旅途；说太短，人生不过是数个十年的累加。十年光阴，足以让一个人有翻天覆地的变化。如果说这个时间长度比较尴尬，倒不如说它很微妙，能够让旁人看到一个人的变化，但又无法定论此后一直就会是这样。能够感叹人世变故，但又无法归于结论，而更重要的是，在这十年里，不管你年龄多大，你都可以有很长一段时间的感叹，毕竟人生中非常重要或者最关键的时刻，你已经度过了。

至少，我已经度过了。

带着一种回首也看不到原点的遗憾，就像习惯性动作一样，回头看看我的十年。

十年前的青涩、懵懂、不安和冲动，十年后已经慢慢模糊了。依稀记得的人和事，却总是在不经意间被说起。不是不愿去回忆，只是觉得一路走下去，终究眼前比身后更有风景。

当2004年的夏天，我走下停靠在羊坊店站的320路公交车时，我不会想到十年后的今天，我还会去回忆当时的心情。那是些许激动，更多的还是忐忑和不安。

京门并不是我到公司的第一站，因为那时的指南还蜗居在从前的冠华小楼，一个与艺术人生、冠华制作和类似招待所一般的旅店混杂在一起的区区两间办公室。几个人、几台电脑，有无限的工作热情，

没有上下班时间。快乐，就是能一起写稿，然后拿出被毙的稿子大声诵读。连到京门借阅素材都像旅行一样惬意。那时曾自我调侃：我不在京门，就是在去京门的路上。

这个十年的起点，不算完美，却值得细细玩味。就像从前回不去，那种体验我想此生不会再有。

每个人回忆过去的方式可能不一样：有些人只愿意记住美好的，有些人只愿意记住痛苦的；有些人无法被记住，有些事无法被还原；有些人一直在远离，有些人一直在靠近；有些人觉得十年很漫长，有些人十年不过一场梦。

这十年的经历，于我来说，不似潮汐到来时的惊涛骇浪，也不像无风时的湖面安宁怡然；倒像是一股溪流，来自汹涌，归于平静，偶尔溅起的一两朵水花，仿佛是一种调剂，在动静之间平衡协调。

指南—编播—地理—指南—地理，媒介企划部—市场营销中心—技术制作中心—频道节目协调中心—综合频道节目中心，风云—中数—风云。轨迹恰似溪水般曲折，经历不可谓不丰富。

人生最奇妙的地方在于无常。无常对于我来讲，只有在很多措手不及的时候才会感叹，经历远远比纸上谈兵来得稳重和可信。

十年的时光转眼而过，我想我是有这样的体会，好像一眨眼，这么多年就过去了。

那时，在冠华小楼通宵不眠，彻夜赶稿。

那时，在京门疯狂借带，自嘲为编播部最不愿见到的人。

那时，在梅地亚的新闻发布会现场，让台长和松下老总盯着无声的宣传片，自己忐忑了 1 分 30 秒。

那时，上班的工作就是购物，因为购买节目素材生生地将自己的淘宝信用刷到了三颗钻石。

那时……太多的那时……太多。

没有惊心动魄的纠缠，只有平平淡淡的喜欢。

我不会去在意很多曾经做过的事情是否值得，因为那是旁人的评断，在别人的眼里，你做事情值得或是不值得，那都不重要，重要的是自己是否愿意。旁人看来值不值得，自己只有愿不愿意。来来回回，如此往复，许多年就是这么过来的。

回顾十年，其实得到的远比失去的要多得多，得到的会记住，失去的会忘记，最后看来，得到的永远占上风。十年里遇到的人，经历的事，和他们产生的交集都是时时刻刻发生在这个世界上的事情。世事的纷繁错杂超出了我的想象，而我的生活大体上永远都是几点一线。纵然，不管是多久的时光，出现和别离，都会在心里留下印记，就像皱纹爬上皮肤，白色染上发梢一样自然。我会用不同的方式记录他们，比如影像、比如文字、比如我不太靠谱的记忆。

回廊一寸相思地，落月成孤倚。背灯和月就花荫，已是十年踪迹十年心。像很多人一样，我的这十年，有热爱，有遗忘，有矛盾，有灵魂深处已经实现或者永远无法实现的欲望。

坦然面对过去，大概也需要一种勇气。我心怀感激，不只是一些人、一些事，不仅是因为我体验过十年，更重要的是，十年时间给了我成长，恰如和公司的成长一样。

如何面对琐碎的生活，其实就是如何面对自我。

就像谁没执著过，谁没迷惘过；谁没得到过，谁没失去过一样。突然十年成为过去，方知岁月待我不薄。所以，必须感谢岁月，感谢失落，感谢相遇。

9. 风云人物纪事

——郭金秋

背　景

小郭是风云公司编播部的一位编排编辑，在不到两年的时间里，她或经历或旁观了公司的很多人和事：有欢乐、有温馨、有收获、有感动。

人物介绍（按文字尾巴长短排序）

胡胡——原编播部编排组主管、小郭的最初带领人，现3D频道小领导：温和有爱逆生长

小牛——穿梭编播指南3D的联络人物，一堆头衔，具体不详：流动小女总是忙

少爷——编播部责编，代理编排组主管工作：乐于助人口音强

周师——小郭所在中心的大领导："终极BOSS"见面少

刘师——小郭所在部门的大领导："多多学习"总唠叨

程子——编播部责编兼行政协理：和柔甜美妹子软

阿宁——编播部包装兼编排编辑：心好嘴利多才艺

陶子——新媒体中心同事客串：天然呆萌爱画笔

郭姐——编播部资料组主管：亲切爱笑干练姐

小雨——编播部责编：音正颜靓清新男

阿峥——编播部责编：安静内敛文艺女

小郭——编播部责编：笑点诡异郭×秋

以及直接或间接出场的中数或风云的若干领导和若干同事。

第一回　这个公司的人年轻得令人发指

中午，散步路上，人物闲聊中。

阿宁：年纪小就是好啊，我要是你这个年龄多好。

小郭：（不以为然地）五六岁的差距不算大，咱们都是同龄人。

阿宁：（斜眼）五六岁？我都快比你大10岁了！

小郭：（难以置信状）啥？你比我大快10岁？！（低头似在思考，后快速抬头追问）哎，那程子应该跟我差不多大吧？（一脸期待）

阿宁：她××年的，孩子都3岁了。

小郭：她看着那么小，这不能够！（风中凌乱）

阿宁：你看高×哥、李×璐、孙×惟都像多大的？

小郭：@#￥%&……

阿宁：……&%￥#@

小郭：（深受打击状）你们长得都太具欺骗性了……像我这种沧桑相可要怎么混啊……

旁白：后来小郭得知一个数据，中数和风云的员工平均年龄是38岁。本来小郭觉得自己在平均线以下还挺得意，后来一想，她"是"平均线以下的，可别人"像"平均线以下的，于是她又惆怅了……

第二回　这个公司的人全面得叫人失语

第一幕（同事篇）

第一场

上午，办公室小屋，人物手拿节目单。

少爷：（东北音）单子为什么有错也不容易检查出来呢？你是不

是做完精编单马上就查？你想这时候你的思维还没有脱离掉你刚敲完的内容，检查时还是用同样的记忆储存去核对，当然不容易查出错。你上午做完一个频道，可以下午再对；另外，你可以试试节目和包装分开来核对，先把节目集中核对一遍，完之后再集中核对包装，这样不容易混乱，错的地方还容易被发现。

小郭：（连连点头）嗯嗯嗯，说得有道理。果然是经验之谈啊，一下让我茅塞顿开，谢谢谢谢啊！

第二场

下午，办公室小屋，人物手拿节目单，小郭念经。

小雨：郭×秋啊，我提个建议啊，你在念节目单时试下用倾诉的语气去读，好像你在跟人交流一样。（示范念了一段）你看我这样读是不是这个语言就生动了一些？对单子虽然是个小事儿，但咱们如果能做得更好就往更好了做是不是？

小郭：唔，你的声音有起伏有轻重有节奏有缓急，是比我那种念法好听、提神，对单子也不显得枯燥了，你看我马上就不困了！我再读你听听……

第三场

下午，办公室，小郭工位旁。

阿宁：（摆弄了一下桌上的饼干袋）你爱吃这个啊？

小郭：程子给的，她不定期就投喂我。阿宁，给你看我刚想出来的 Excel 对单法。（打开一个表格演示）你看一下筛选排序，哪个时长、套别、名称不对很容易就看出来了，而且这样集中排列，同一节目不用重复核对，省时省力，还节约了纸张。怎么样？

阿宁：（弯腰自己用鼠标滑动着看了会儿，然后站起来拍拍小郭的肩）是不错，对你负责的这几个频道来说是挺合适。捷径都是懒人走出来的，你看你不就想出个好方法？

小郭：是吧？我这方法不错吧？（哈哈笑了一阵停下来）咦，怎么好像有哪里不对……

第二幕（领导篇）

第一场

中午，食堂，众人排队打卡中。

路人：哎呀，胡胡，难得在食堂看到你啊，不都外面吃的吗？

胡胡：呵呵，这几天懒得出去吃了。（向路人招手示意，刷了两次卡，转向小郭）郭×秋啊，这就是咱们公司的食堂，是自助餐，一般一个硬菜三个炒菜，除了最后一个清炒蔬菜外，其他炒菜一般都放辣；还有俩凉菜，一种时令水果；主食固定的有米饭，不定的有各种饼啊、玉米啊、红薯啊什么的，那边还有饺子和面条；汤在那边。对了，你的饭卡好像后天才能领。哎？今天有鱼？你多吃点儿，食堂的清蒸鱼头可好吃了。

第二场

中午，办公室。

郭姐：郭×秋，你是在找房子吧？

小郭：是啊，郭姐，我现在跟人合租，各种闹心，这回想着宁愿多花点儿钱也要一个人住。

郭姐：我是听到过你念叨这事儿，刚我遇到一老同事，正好他也跟我说他的房子想租出去，我就跟他说让他先留着我这儿有一个同事想租。他那房子在×××，一室，卫生间和厨房都有，家电可以给配上，小区门口正好有台里班车经过。他也不指望赚多少租金，主要是想找个靠谱的人给他看着房子，你想租吗？

小郭：想租想租，太谢谢你了郭姐！

郭姐：哎呀没事儿，那我给他打电话说啦。

第三场

下午，办公室小屋。

刘师：小郭啊，怎么样，工作还行吗？有什么困难吗？

小郭：嗯，还行，没啥大问题，有些小问题问了少爷程子阿宁他们也都解决了。

刘师：嗯。你呀，这么年轻，工作干完没事儿了多学习学习，或者发展个兴趣爱好，别把大好的时间都浪费了。我这儿有一本书，孙玉胜写的，这人是咱们台里副台长，书虽然是十年前写的，但到今天都很有借鉴意义和参考价值，推荐你看看。

小郭：啊，谢谢刘老师。

第四场

下午，会议室，中心总结会。

小郭：（blablabla）谢谢大家。

周师：郭×秋这个孩子，家里条件不是特别好，但是通过自己努力考上了××大学，还通过奖学金和自己做兼职来减轻家里负担；为人很踏实、很稳重，工作态度非常诚恳，和部门同事相处得也非常融洽。咱们再给她鼓鼓掌。

小郭：（心想）其实我跟周老师，正儿八经的接触也就是我入职面试那次，平常也不怎么接触得到，没想到这么久了，她还能把我的事儿记得那么清楚。

第五场

中午，食堂路上，疑似公司领导群与主要人物迎面走来。

阿宁和程子：刘总好左总好赵总好。

小郭：（等一行人走过）这都是咱们公司领导？

阿宁：嗯，刘总是中数老总，左总和赵总是风云老总。

小郭：领导们还亲自吃饭啊？

程子：不亲自吃还找人代吃啊？

小郭：不是，我的意思是领导们也在食堂吃饭啊？

阿宁：也在食堂吃，吃得也跟咱们一样，只不过他们的饭由服务员端到包房里。

第三回　这个公司的人有才得让人绝望

第一幕（外语篇）

第一场

中午，办公室内，午饭刚过。

阿峥：（站起来，清了清嗓子）那个，大家，柯南××剧场版就要上映了，这部电影是我们字幕组参与翻译的，届时欢迎大家前去观看。

小郭：（悄悄地踱到阿峥那儿，小声地、羡慕地）阿峥啊，原来你是日语专业的啊？

阿峥：没，我喜欢柯南，就自学了日语考了个一级然后去字幕组应聘，现在我是专做柯南这个剧集的。

小郭：（满眼尽是震惊）你就这么随便学学然后直接考一级就过啦？

阿峥：嗯。一开始啥都听不懂，就是边看边跟着念，后来就练出来了。

小郭：（星星眼）你太强了，太强了，太强了！

第二场

中午，三段食堂，餐桌上。

小郭：我去10×7发现好像王×力啊陈×洁啊她们都挺喜欢看原版韩剧的，听不懂韩语光看字幕不会觉得百爪挠心吗？

程子：她们可喜欢韩剧了，她们一办公室的人为此特意学了韩语，人家看韩剧不费劲儿。

小郭：她们自学的？那么多人，都自学的？

程子：啊，她们几个一块儿学的，互相督促共同进步，韩语都学的可好了。

小郭：（一手托腮一手敲打餐桌）人家怎么就这么有恒心有毅力呢……

第三场

年会，梅×亚多功能厅，圆桌上。

小郭：（看着大屏幕久久才回神）这开幕词谁写的？太大气磅礴雄浑壮阔了！

阿宁：杨×超吧。

小郭：就是10×7办公室那个瘦瘦的、挺斯文的男生？

阿宁：嗯。话说他大学是学俄语的。

小郭：（痛心疾首状）学俄语的？俄语那种超难学的语言？然后他中文还这么好？这么多天赋技能怎么都加一个人身上去了！

第二幕（面貌篇）

第一场

下午，公园空地，中数风云组合队正在同总公司其他所属队拔河，本队几个队员脚底打滑，两人跌倒后又奋力起身，队伍一度弯曲，哨声响起，本队战败。队员下场，七嘴八舌继续观战。

小甲：你们看，他们队最后一位队员就没把绳子缠身上，而且人家也不都是壮男。

小乙：还有还有，他们的人都站在绳子一边，咱们那样穿插着一左一右站把力量都分散了。

小丙：你看人家喊一声“嘿”就使一下劲儿，到后面直接都蹦着拉绳，咱们“一二一二”地喊节奏全乱了。

小丁：（大手一挥）你们都没说到点儿上！咱们之所以二连败，那纯粹是因为装备问题！你看那几个赢的队，上衣统一、下衣统一、鞋都统一！

小戊：就是就是，咱们就上身穿了统一的T恤~你看看人家，好家伙，狼爪啊、探路者啊、哥伦比亚啊，都是大品牌啊！我去，人家还提供德芙和红牛！

小郭：同志们真是很好地继承了先辈们的革命乐观主义精神啊……

大家：那必需的！回头就跟领导汇报，说下回再参加这种集体活动，一定要给咱们整点儿好的配备着，不然肯定还输！

第二场

中午，办公室，人物闲聊中。

小郭：啥？一月一日3D频道要开播?!

程子：嗯，胡胡她们都已经好几天没回家了。

小郭：这，这，什么资源什么经验都没有，怎么在三个月的时间内筹备出一个前所未有的频道啊？

阿宁：要不怎么说周老师当时真敢接呢，这事儿搁谁谁不犯怵啊。

小郭：3D频道……会是啥样儿呢……

三个月后

刘师：高×峰，麻烦你把电视打开，咱们看看3D。

第三场

下午，铁×大厦会议厅，人物进行沙盘推演。

CPO：我已经去问过了，都缺指南针，换不来。

COO：我觉得咱们还是就挖一天吧，早点儿回去生还希望还大一些。

CFO：如果不遇到恶劣天气，咱们的水和食物撑到回大本营没问题。

CEO：行，那就走楼兰古城吧。

……

小郭：这次的公司培训，形式很新颖，内容很全面，收获很丰富。我们深刻地认识到，计划的制订与更新、经验的积累与扬弃、规律的把握与运用，对一个项目来讲，是多么重要。你看我们就几乎成为第一个回到大本营的队伍。

话筒：然后贵队想必取得了相当不错的成绩？第二还是第三？

小郭：（远目）然后，我们死在了离大本营一步之遥的地方……

第三幕（才艺篇）

第一场

晚上，KTV 包房，阿宁手拿麦克对着屏幕唱歌。

小郭：（转头向程子）这原唱开得太大了，都听不到阿宁唱了。

程子：（疑惑地）这么大声儿你都听不见啊？

小郭：（同样疑惑地）这不就宋祖英唱呢么，也没有阿宁声儿啊？

程子：（一字一顿地）就、没、开、原、唱、这、声、就、是、阿、宁、在、唱。

小郭：阿宁唱得这么专业哪？

程子：阿宁就是这么专业，每年年会都会献唱。

旁白：小郭自此以为阿宁是学声乐出身，后来得知阿宁竟是师从沈阳音乐学院，对于阿宁会弹钢琴并且是台里合唱团一员两事便只有小怪而无大惊——虽然，她不久前才知道，阿宁十几岁起便进了部队当文艺兵；还有，阿宁不是从小学声乐，她是学舞蹈出身；另外，阿宁也没特意学过钢琴，几乎是上手就会……以及，阿宁在大学学的也不是声乐，是编导……

第二场

下午，会议室，中心交流会。

主持人：（从抽号箱中拿出一个纸条，打开）好，要赠予我们××同事礼物的人是——小牛！小牛，你为××准备了什么礼物啊？

小牛：（手举一幅A4大小的图向众人展示）我准备的是我亲笔画的一幅小猫的素描图。我个人特别喜欢猫，刚刚××说他也特别喜欢猫，那我这个礼物准备得正好，希望这幅喵星人图能带给××一些额外的快乐。

周师：小牛这幅画，我们后来数了数这只猫身上的毛，有3000多根，根根都清清楚楚、分毫毕现，都是她一笔一笔画出来的，画了她整整两夜。这份礼物准备得非常有诚意。

小郭：（瞪着没戴眼镜的大近视眼伸长了脖子看）你说这小牛，工作干啥啥利索也就罢了，怎么还这么会画啊，这不科学！

第三场

中午，复印店，两人在等工作人员装订。

小郭：（拿起一本装订成册的A4纸大小的书翻看）你的那几个好朋友可真有福，你把大学四年你们的点点滴滴都记录下来，写成小品汇集到一块儿打印出来，还给她们寄过去人手一册。都是文科生，我怎么就这么人呆笔拙呢。

程子：（淡定地）我是学编程的。

小郭：（剽悍东北音）你是工科女啊？

程子：对啊，吴×哥他们现在用的系统就是我参与编写的。

小郭：（五体投地动作）我最佩服学工科的了，没想到我身边就潜伏着一个工科女！

旁白：别看公司里这些同事一副邻家少（大）男（哥）少（大）女（姐）的样儿，实则不少人都是数艺傍身，只是大家都谦虚低调。以小郭有限的阅历，她单听闻传说中——

周老师好文笔，崔×姝精料理；

郑老师懂摄影，金×秋通外语。

钟×振专电脑，周×雪擅长跑；

高×峰喜养生汽车，马×涛好花鸟虫蛇。

风云众位藏不露，中数神人种类多；

才子佳女都来和，前途可不一手握？

花　絮

陶子：（拿着小郭的稿子，一边翻一边叹气）你说这写周年征文，咱们是不是要回顾一下过去、评说一下现在、再展望一下未来什么的？

程子：是啊，是不是应该写写数字电视行业的发展，描述一下咱们公司取得哪些成就、塑造了什么样的文化？写这些是不是有点儿家长里短不痛不痒小打小闹啊？

小郭：（捧着她的大水杯，一脸高深莫测）国家的发展、民族的发展、社会的发展、公司的发展——归根到底，还是人的发展。家长里短中没包含公司成就？不痛不痒里没展示员工风采？小打小闹中没体现企业文化？我公司员工的素质、能力、精神和态度，无需刻意寻找与呈现，恰恰都在平平常常的诸事和瞬间中闪光。我所识之人为数有限，但管中窥豹可见一斑：一部门之面貌，一中心之面貌，一公司之面貌，此等员工做军团，何愁公司无发展？（语罢低头品茗）

阿宁：得了吧，别人也就罢了，你我还不知道，你是怕你写抒情范儿的要么落得平铺直叙要么显得用力过猛吧。

小郭：（呛着了）咳咳，我好不容易有个得瑟时刻，咱能不插刀么，咳咳……

片　尾

旁白：鉴于本文作者对该文风格极其没底以致辗转反侧寝食难安嘴起大泡，强烈要求文末再加一段与本文本就不靠谱的文风更极其不符的抒情性文字，来大家给个面子呱唧呱唧。

小郭：感谢 CCTV，感谢 CITVC，感谢 CDM、CDP（P 读一声），

这是我在风云的第 21 个月，第 657 天——我很荣幸能够在大学毕业后不久即有机会加入到风云，成为这里的一份子。我初入社会的迷茫、不安甚至些许的恐惧因我的领导、同事的或指导或开导或疏导渐渐消散，而没有像我的同龄人那样经历太多的曲折与反复；他们对同事的包容相待诚恳帮助、对生活的积极热爱坚强向上、对工作的一丝不苟潜心研究、对公司的由衷关切努力建设，深刻地感染和激励着我。我相信，正是大家的这种干劲儿、冲劲儿、闯劲儿和活劲儿，成就了今天的风云和中数，将它们缔造成如今中国数字电视行业的领头羊。也许我们过去的辉煌并不意味我们对于莫测未来的必然通关，但是身前身旁身后这么多的公司同仁，让我有足够的勇气、期待和信心，来面对和迎接一切未知的艰险和无措。风雨不休，云海婀娜；中国电视，数度浪波；十载奋斗，年月何多？恭而进取，贺君再攀高坡！

10. 音乐——给青春一个宣泄口

——郭　强

青春期最主要的特征是高亢的荷尔蒙和无时无刻不在寻找突破的青春冲动，然而，在这个波澜不惊的和平年代，我们是否为青春准备好了宣泄口？也许有，我们可以让年轻人在体育竞技场上血脉喷张地冲撞，可以在港台古惑仔电影中体验肆意挥霍的青春，还可以让他们在网络世界中充当盖世英雄……除了这些，我们还有更好的宣泄口，那就是音乐，那就是舍我其谁的摇滚精神。

CCTV《风云音乐》频道创办之初，我的前任是一个超期服役的摇滚青年，他凭着一腔热血说服了领导，花了大价钱一口气买下全世界的摇滚音乐节目和巨星演唱会。在数字电视尚未普及的四五年前，《风云音乐》只能与一群少而又少的拥趸者分享。待我接棒后不得不向市场低头，频道定位由原来的摇滚音乐转变成为环球时尚音乐。不是我不爱摇滚，而是觉得几万人甚至几十万、上百万人的摇滚音乐节，歌手摇臂一呼，台下山呼海啸的气势，通过小小的电视屏幕岂能容纳得下？真的，爱摇滚就应该冲到现场去，在震耳欲聋的音乐中摇摆、呐喊，直至大汗淋漓，直至声嘶力竭……真佩服有人发明了一道菜叫“摇滚沙拉”，把各色人等搅拌混合在一起，淋上辛辣的歌词和咆哮的音乐，光怪陆离、五味杂陈，顷刻之间带你一起冲上云霄……

年轻的时候喜欢整夜呆在迪厅和夜店，现在偶尔也去，是为了证明自己还不算老。去年元旦，千里迢迢跑到泰国苏梅岛参加满月派对（Full Moon Party），这是全球有名的沙滩摇滚音乐节，也是全世界背包客朝圣的跳舞胜地，因每年农历月圆都要举行派对而命名。最出名的是入夜时分，一轮圆月从海平面跃然升到天空，整个岛屿像“月光的圣境”，狂欢的人群在月光下跳舞。

泰国苏梅岛满月派对留念

一上岛早已人满为患，租了辆汽车围着海岛兜了一整圈儿也未能找到栖身之所，只好去路边发廊冲了个凉，就急不可待地赶赴这场世界青年大联欢。一路上那份急迫的心情就像跌宕起伏的沿海公路，在超过 45 度的坡道上与呼啸的出租车擦肩而过。转眼就到了一个灯光辉煌的青春游乐场：沙滩上的小贩把七八种酒类饮料混杂在一起搭售，于是每个人拎着一桶混合液体，插上一大把吸管招摇过市，自己喝的过瘾，也不忘与陌生人分享。沿着沙滩每隔百米就搭出一个舞台，不同的摇滚乐队轮番登场。各种肤色、各种语言、各种文身、各种味道混杂在一起，大家彻夜狂欢。观众冲上台拥抱乐手，歌星跳下来亲吻粉丝，然后大家再齐心协力把歌星扔回到台上去。当你还试图保持着几分东方人的矜持时，就被人连推带搡地带进跳舞的漩涡中。泡泡机在沙滩上营造出一个暧昧的空间，俊男靓女争相拥入，脚下全是脱落的鞋子，没有陌生、没有距离，向每一个人微笑、与每一个人握手。音乐就像催情剂，让你忘了身在何处……

满月派对活动现场留念

扯了这么远，我想说，青春需要宣泄口，我们应该给我们国家的年轻人更多的自由空间，给他们一个张扬个性、驰骋心灵的疆场。我想说，当你年轻时，一定要参加一次摇滚派对，一定要扔掉平日刻板的装束，换一身重金属行头，大胆袒露出结实的胸肌，尽情摇摆你的感官，让夜夜奔涌的青春冲破闸门，让青春的骄傲留下一道亮丽的风景。

我希望，当有一天青春的荷尔蒙渐渐褪去，我们还可以像那些“谈年龄如同谈瘟疫”的港台艺人一样，挑染一缕彩发、穿上一身亮片，在炫目的灯光下，混迹在年轻人中间，借铿锵的音乐装一把“愤青”。

当有一天我们不再年轻，耳鼓已无法承受摇滚音乐的聒噪、眼睛已无法适应刺目的光束，我们还可以一个人静静坐在远处回望那群红男绿女。曾经的沧海，翻过的故事，随着青春的记忆一一回放……

11. 时光便笺

——胡艳梅

“当我还是一个懵懂的女孩……从过去　到现在……不能一直依赖别人给我拥戴，就算风雨覆盖　我也不怕重来……”

我正坐在对编机前，一边整理第二天上机的素材，一边跟着唱《挥着翅膀的女孩》，“Believe me I can fly　I’m singing in the sky……”正飚到高音部分，隔壁的付蕾咣当一声推开大门，“别唱了，领导来了，要检查昨天做的节目，完事没有？”

2003 年，我在《音乐时尚》频道担任责编一职。同年，容祖儿凭着这首家喻户晓的《挥着翅膀的女孩》让她的事业达到巅峰状态并顺利打入国内市场。也就是这一年的 9 月 1 日，付费电视试播出。

当时，编辑部为了赶播出，要求每周出 12 期 30 分钟的音乐节目。台里的机房的使用率不高，8 点半上机，技术一般都是 9 点之后才到。为了能够在规定的时间完成工作量，我每天早上 8 点拖着一箱素材带来到京门 2 段楼下的机房，等着技术开门。技术人员看我每天都在门口等他，后来也不好意思太晚。相处一段时间后，技术看到我没有完成任务，主动加班。其他机房的技术在没有任务时也会主动帮忙。就是那时，我和 2 段的小生、小方、柏坡等各位技术结下了深厚的革命友谊。

京门大厦 3 段 924、925，2 台对编机，4 台电脑，6 个频道，6 个人。就这样，我迈入了付费电视的第一步。

说到记忆，一般都会联想到一些画面。其实，记忆不仅止于眼睛，耳朵也有记忆，当熟悉的声音响起，心就跟着那声音走了，那么快就回到了昨天；味道也有记忆，现在，每当我走过925房间时，都会闻到一股熟悉的味道，仿佛十年前的我抱着带子，飞快地转动对编机转轮，等待着审片。当时的忐忑心情一下子提到了我的嗓子眼。

2004年5月，央视风云传播有限公司正式成立，925也变得越来越热闹。有一个虎领导，带着“意味深长”的笑容来到了925。他虽名为虎，但是脾气超好，还认真跟着我们学习节目代码，节目编排。

《世界地理》的方光秀，一席粉色长裙，微卷的长发，人如其名，温婉秀气；《风云音乐》的朱琼，嗲嗲的闽南腔，让借带子的小伙子毫无抵抗力，有求必应；《第一剧场》的责编李崴，大嗓门，直率的北京姑娘；《风云剧场》的苏春黎，成熟稳重。那时的周文飞老师被称为小周，郭姐叫郭洁，我也才20出点头，80后的武熳熳是最年轻的员工。

2004年8月9日，付费电视的6个频道重新改版正式播出。由于我和其他几位同事熟悉台里的编播流程，被分配在编播部。我们几个是唯一没有进行入职考试的一批员工。

当时的编播部是各个频道的业务交流中心，制订了各种编播制度。为了方便工作，我、熳熳、付蕾、刘颖经常和频道责编一起因为节目时长是否要到整分，“时长”和“实长”的区别而争得面红耳赤。由于整个编播系统是各个频道运行的基础和安全播出的保障，我们曾因填错一秒钟，或是系统设计在使用中不好用而被“骂”哭。经过这么多年的事实证明，这套编播系统的设计还是非常有效的。也正是有了核对单子、看片子的经历，让我变得较真了。不仅在工作中爱挑错，在看书读报时，也会范“职业病”，下意识地找出错别字。

8月9日，频道正式顺利开播。为了表彰在开播中做出突出贡献的同事，公司举办了第一次表彰大会。大会形式活泼，按照生肖排座，当时生肖鼠的代表发言是周文飞，她和同属鼠的孙总一同发言，唇枪舌剑，这才发现，原来生肖鼠的人多聪明伶俐，生肖蛇者多婀娜。齐鲲因名中带鱼字，现场领了一份大奖——一条活蹦乱跳的大鲤鱼。

经历了开播前的手忙脚乱，之后的工作就显得波澜不惊，按部就班。2004 年 10 月北美戏曲和娱乐开播，年底，《怀旧剧场》、《电视指南》陆续开播。

第一年年会，来自新闻频道的各位高人整了一台精彩的晚会，公司的领导不是被搬上讲台，就是被奚落。财务部的两位朱总被质疑关系不当，杨继红被现场拷问“炕压”指数。在孙总的报告中得知，当年的付费电视的用户达 10 万户。当时的先进员工也是 10 个，被封为“万户侯”。报告结束，孙总说，付费电视的任务就是挣钱，然后给大家分。说的与会人员都摩拳擦掌，踌躇满志。

2005 年《央视文化精品》、《高清影视》开播；2006 年《国防军事》、《女性时尚》开播。由于编播部是所有频道对接台内业务的桥梁，这 14 个频道开播前期的基本准备事宜都由编播部承担，有许多频道在这里孵化，时机成熟后再交到频道。一个频道的开办需要与台里的各个业务部门打交道，必须熟知台里相关部门的职能。也正是有了这些业务沟通和交流的机会，我与台里的技术部门、总编室、播出部门的同仁结下了除工作之外的友谊。由于在台里出现的频率高，厮混的时间长，曾经一度被认为是总编室播出部的一员。

付费频道开播两年后已经完成了跑马圈地，开办了 14 个付费频道。付费电视的发展遇到开路电视节目多样化的竞争、付费模式难以转变、线路改造推进慢、地网配合不畅等各种困难与瓶颈。由于沾上了播出，我在编播部的这几年里错过了婚假，没有完整休过年假，经常在周末清晨被播出线的电话和铃声吓醒，以至于后来，我的电话成为编播部乃至所有频道责编的噩梦。每逢过年过节回来上班，大家见我第一面不是彼此的问候，而是说“没有接到你的电话太好啦。”拜托，各位。我和您们是一样的担心，而且接到播出的电话概率是您们的 14 倍好不啦。

人说，在受到惊吓时，不是被吓成神经病就是被吓成精英，而我没有吓成神经病也没变成精英，而且越来越 Strong。

2010 年《央视台球》频道开播，新的领导班子来到了央视风云，带来了“快乐工作”，严格的管理制度，宽松的工作氛围。

2011年年底，我调到3D频道，这是我来风云十年里的第一次转变。10月20日至第二年元旦，公司领导、部门领导带领临时成立的3D编辑部，几乎天天开会到深夜，讨论频道方案，字斟句酌申报语气和标点符号，修改频道Logo颜色，众人一心，度过了70天。其中艰辛，难以赘述。

2012年夏季，迎来了奥运会，那个夏天没有吃过西瓜，没有买过夏装，没有穿过凉鞋，省钱！每天迎着日出下班，随着日落进入直播，从另外的角度感受了作为体育工作者的辛苦！承受着从未有的播出压力，熬着漫长的夜，顶着大大的黑眼圈。但是，快乐工作如影随形，渗入无数次的协调会，每一次讨论技术的细节，每一下导播切出直播画面，直至奥运会闭幕式的歌声结束，众人击掌的那一刻。此时，清晨的阳光挤进厚重的窗帘，起哄似地穿过众人落在直播大屏幕上，仿佛也在为我们欢呼。

白羊座的我，冲动的特性在编播部被节目单一秒一秒的磨平，热情在这里点燃。我期望时刻感受正能量，同样希望带给别人的也是正能量。同事有一天突然问我：“你什么时候开始爱起哄？”对于起哄，我理解是参与，并享受这个过程。

在奥运结束后，我们夜班A组相约K歌，包房突然响起了那首熟悉的旋律：

“我已不是那个懵懂的女孩
遇到爱　用力爱　仍信真爱
风雨来　不避开　谦虚把头低下来”

在风云的十个年头，非常有幸参与了我台付费电视创业的全过程，经历了中国电视史上的三个第一。参与了中国第一批数字付费电视的筹备、开播；参与了中国第一个3D频道的筹备、开播；参与了中国第一次3D转播的奥运会。

我很幸运能和这样一个公司共同在成长道路上继续前行，下一个十年，我们还在一起。

12. 我这十年

——人生就像一场戏，悲剧或喜剧全看自己

——何线线

第一幕 宛若初恋

2004年春，据说北京广播学院要改名为中国传媒大学，把原先听起来像个电大的校名改成像个民办大学的校名。即将要毕业的我们在纠结中不停地参加各种招聘会。那个时候真够年轻的，还以为人生最大的烦恼就是将来出了校门不好意思跟人家说“我是媒大毕业的”。我以为我科班出身风华正茂热血满腔，才华横溢得到中流击水浪遏飞舟，就好比一只亮闪闪的金龟婿，到哪儿都得有人抢着要，所以招聘会上哪儿台子搭得大哪儿队排得最长就往哪儿挤。不料受了几回打击，爆棚的自信心稍微正常了点，自忖就算一只潜力股，这会儿没车没房确实也体现不出价值。这时，看见了众多高台之中的“中央数字电视传媒有限公司”几个金光闪闪的大字，一见钟情。

那时候的中数传媒是三位一体——中数传媒、央视风云和中数指南，据说，中数传媒是管理型企业，央视风云做节目，中数指南……据说，业务很多，有很大发展空间。于是，我去了面试时问我最多问题，要求最多的中数指南。

刚刚开创不久的中数激情无限，所有员工平均年龄不超过30，当真是血气方刚，开起会来叮咣乱响。我们要写方案，我们要建系统，我们要提需求，我们要出差，我们要……各种忙。我们有各种好消息，

比如发改委立项，比如发明专利，比如建立 EPG 分类标准填补国内空白。

年轻的人们遇到年轻的公司、年轻的事物，就如年轻的男女相遇，坠入爱河激情四射，都觉得前方一片光明，荆棘是暂时的，只要我们有足够厚的老茧去踩平它。

第二幕　青春啊青春

2005 年，中数各公司部门都基本成型，就遇到档案不知道存在哪儿、工作对口交接总换人的情况了。我开始习惯跟人介绍我的工作单位叫作 EPG，但每次还需要跟人解释什么叫做数字电视。因为这一年，人们开始频频听到“数字电视”这个词，但很多人不太明白它到底是什么，为什么它“代表了未来电视的发展方向”。

但新兴事物当然也代表着人们对它持观望态度。所以，这一年我听到的最多的词是“培育市场”。市场怎么培育？总要有发展市场的基础啊。但这一年，全国好多地方对于数字电视只是停留在听说过的阶段，连机顶盒都没用上的人怎么会掏钱看数字电视？所以，首先要建网。一开始说建网，很多地方网络公司不乐意，用户也不乐意：我们看免费电视看得好好的，你们有什么好节目还值当我们掏钱看？

关键是没有利益驱动力。那时候，有同事巴望着上级能出政策扶持，因为我们“代表了未来电视的发展方向”啊！我们要抢滩大市场，我们不能让电视行业跟电影业似的也被外国狼叼走了啊！

但政策一直没来。没来就没来，自己该做的事还得一丝不苟做好。EPG 编辑制作部那会儿是中数指南的核心部门，技术部和研发组那都是为我们解决各种问题的。我们也是全国唯一一家提供电子节目单的公司，每周要制作 200 多个境内外电视频道的电子节目指南，编辑制作 29 个频道（主要是中央电视台与央视风云的各频道）的节目简介，但是——仅仅发送给全国 70 家电视网络运营商试用。

EPG 编辑制作部的黄金时代，也仅仅是这一年而已。就像飞逝的青春，它溜得贼快，当你伸出手的时候，连它的尾巴也抓不住，于是你只好装作它还在的样子。

第三幕　分分合合

2006年，EPG中心系统基本建成，EPG编辑标准和节目分类标准完成，除了节目简介，还需要费点儿心，大家都是熟练工了。可惜成熟的商品还卖不上价，所以，一个叫做“业务拓展部”的新部门在这青黄不接的时候成立了。

编辑部原主管申夏琳带着我去了新部门。这个部门什么都做，接会议、办节目，还拍情景剧，包打天下。所以和在编辑部不同，人总得往外边跑。那会儿，我们管申夏琳叫申姐，她是个外表柔弱内心剽悍的女人，我估计她也是这么看我的，所以，她想带我去开创一番新事业。如果她这个看法是准确的话，我应该在新的事业中如鱼得水，可惜我实际上非常慢热，适应不良。到后来，业务拓展部整体转移到了风云，只有我留下来，回到了编辑部。

但编辑部也已经不是原来的编辑部了。它跟市场部合并了，变成了指南事业部。连中数指南也改了名叫作中数科技，有了新的总经理。指南事业部也换了新经理韦登林，他是个神人，日常行为跟我等凡人不甚相同，但在工作上他很有想法，对我们要求很严格。他来了之后，EPG产品从单一化转为可以定制，编辑们的工资也从统一的改成了计件式，业务量猛增之时，工作积极性的提高也提高了工作的效率。销售业绩终于有了起色，但竞争对手也纷纷出现了——原来，传说中的“市场”终于培育得差不多了。

世界上的事大略如此。因为想吃桃子，所以去种树；因为要种树，所以要忍受各种辛苦。可是，等你把树种好结出桃子，你会发现这桃子还真不一定吃得到嘴！提供树种的人说啦，我从桃核养成树苗容易么，这树我也有份浇水的；提供土地的人说啦，这土地我可没问你要租金，这树我得占一份吧；更有那根本不会说话、上来就直接抢桃子的猴子了……

第四幕　天下没有不散的筵席

2008年，汶川地震，全民奥运。EPG新的点对点实时客户端传输系统开始正式启用，编辑们没日没夜轮流值守在电脑前，生怕在这个时候出点什么小漏子。新系统的好处是可以不必整天在办公室等着，坏处是半夜随时提着心睡觉，一有什么必须实时上传，没有别的借口了。彼时还有大量的电影电视剧简介来不及编，永远有新的节目信息需要编制上传，我还记得，有一天凌晨两三点钟，居然还有同事在线编辑！问之，答曰：反正带孩子，睡不着。那几个月，同事们的工资袋大约都是鼓鼓的。

可惜好景不长，也在这一年，从前只提供音视频产品给客户的内容提供商开始意识到，他们的产品内容还应该包括自己所提供的音视频产品在内的相关数字信息——比如节目预告信息，比如节目内容的相关花絮，等等。这个现象意味着，由于“原材料”与“成品”的性质差异不大，EPG的主要业务成为鸡肋。

而竞争对手华数和啊哈在2007年就免费向用户提供EPG信息服务，虽然他们的产品相对来说还很粗糙，但胜在便宜。经过一年业务逐渐铺开，他们已经威胁到中数指南几年来苦心经营的市场格局。

兵临城下，是战是和？

2009年，中数科技宣布解散，EPG事业部并入央视风云。往日同事一时星散，有的另谋高就，有的进了中数传媒，有的回家生孩子。

走吧走吧，人总要学着自己长大，天下没有不散的筵席。幸好央视风云也算是自家人。

第五幕　圆满人生

2010年，经过一番调整，缩了水的EPG事业部变成了编播部的EPG组，工作渐入正轨时，我怀孕了。幸好幸好，这个孩子没有在之前“兵荒马乱”的时候到来，我可以安心在家备产了。

经历了先兆流产、安胎、差点真的流产、又安胎、生病不敢吃药、挨到病好、继续安胎等种种波折之后，2011 年年初，我生下一个健康白胖的宝宝。

他出生的那一刻，看着护士怀里那皱巴巴白兮兮（还没被抱去洗澡）的小脸，忽而觉得，人生总算有个部分是圆满的了。不知为了什么就流下泪来。

回头看看自己走过的路，其实并不坎坷，但总有各种各样的遗憾。比如年少时的轻狂幼稚，比如面临抉择时的懦弱，再比如对自己对别人的各种不满。还总有各种抱怨，总觉得自己付出太多得到太少。觉得人生之所以不完美，是因为遗憾；但完美的人生何尝不是遗憾。

我体悟到人一生似长实短，慢慢地走，每个人有独特的途中风景——也只有那些风景是最终属于自己的。我们是为了自己而不是为了别人努力工作、努力生活，我们工作不单是为了生存，更是为了自己的价值，为了将来回忆中的风景。

所以将来，我要陪宝宝、陪家人、陪所有身边的人慢慢地走，细细地看风景，在人生的旅途中，我们互为装点。

13. 吾家有女初长成，风起云涌十年梦

——黄亚言

风轻云净——相遇

26 年前，晨光熹微、风云淡淡的夏日，一个女婴有惊无险地诞生了，带给爸妈欢欣喜悦的同时，更承载着爸妈无尽的厚爱与期望。她懵懂着探索陌生的环境，对声音、色彩和物体等充满了好奇，在时光的沐浴中成长，一个“能发声、颜色靓、有动画”的盒子深深地吸引了她。当然，那时谁也不曾意识到，神奇的盒子会给她的人生带来何等际遇。

风云际会——相识

当她意识到神奇的盒子叫“电视”时，她们已结下了不解之缘。第一次为观看自己喜欢的《动物世界》而受伤，第一次代表学校参加全市“抗洪演讲”上电视，第一次上镜主持，第一次采访，第一次拍片，第一次节目破收视率新高……太多的“第一次”。电视，带给她无穷知识和无限乐趣，伴随着她共同成长，使她的视野大大拓展和开阔，为她的梦想插上腾飞的翅膀。

风起云涌——相随

在她立志成为一名优秀“电视人”，为之奋斗的那十年，广电事业快速发展，一代代广播电视工作者辛勤耕耘和努力，牢牢把握正确的舆论导向，唱响主旋律，精品栏目不断增加，栏目品位不断提升。

这期间，中国首个数字付费电视的平台问世了，为中国电视行业掀开了新的发展篇章。随后，央视风云成立，为我国的数字付费电视平台提供了系列的精彩节目。央视风云发展成为全国有影响、精品化不断提升、服务对象不断细分的专业付费频道提供商和精品视频资源整合者。《CCTV－世界地理》、《CCTV－第一剧场》和《CCTV－风云剧场》、《CCTV－央视音乐》等栏目定位准确，各具特色，数字化、网络化技术搭建起高效便捷的传播平台，科学的管理日趋现代并形成规模，为我国传媒行业全面发展提供了强大的精神动力，营造了良好的精神文化氛围，为我国精神文明建设做出了不可磨灭的贡献。

风云变幻——相融

此时，她虽与央视风云未曾谋面，但为早日实现电视梦，在高考填报志愿时毫不犹豫地选择了广播电视编导专业。大学期间在诸多电视台实习，培养和锻炼专业技能和实践能力。但就业的竞争很激烈，她作为一个大学毕业生，未能如愿进入电视台工作，于是，她选择了网络视频编导。网络视频节目的制作要求虽没有电视节目那么严格，但是她认真负责，严格要求自己，因为她知道，这将是她电视梦的起点。一年后，她如愿以偿成为北京电视台生活频道的一名节目编导，这期间，生活工作给予她太多太多，全面地运用所学所识，在实际工作中得到历练提升。她对北京电视台心存感恩的同时，为电视事业默默地奉献着、付出着、收获着。2010 年的一部 3D 电影让她有了更美好的期望，在电影院里观看《阿凡达》时那份无法言语的震撼仍记忆犹新，不禁感慨 3D 技术的先进，一部影片让人如此震撼，这样先进的科技，在那时看来仿佛与她那么的遥不可及。她作为一名电视工作者，心中喜忧参半、些许失落。

风举云飞——相左

时代在发展，科技在进步。2012 年元旦，我国开设了首个 3D 电视试验频道，她得知这样的消息后欣喜若狂，辞去了北京台原有的编导工作，决定投身于电视行业最前沿的技术，也许是命中注定的缘分，让她成为央视风云的一员。为了能快速学习3D电视知识，从原来的电视编导转为3D电视节目技审。很多人不理解她放弃所学专长，为了什么，可是她坚信生命的意义在于成长，而央视风云的工作也证明了她的选择没有错，她不但学习到很多新的专业技能和知识，更接触了春晚3D转播、伦敦奥运会3D转播。她深切感受了3D技术的先进性，体验了新技术带给用户不同凡响的感受，更加深入了解和学习了3D技术。《阿凡达》导演卡梅隆的制作团队来到央视风云观摩，能够与国际高水平的制作团队接触，她为央视风云感到骄傲和自豪。有人说"心有多大，舞台就有多大"，而在央视风云，视野有多宽广，人生就有多宽广。央视风云不仅制作、传播精品栏目；作为央视风云的一员，更是选择自由，放飞理想。

展望与畅想

26年的人生风雨路，一个咿呀学语的小女孩已经成长为亭亭玉立的知性女青年。十年的成长和历练，一个初入社会的少女已经蜕变为职业的"电视人"。同样十年，央视风云这艘传媒巨舰已乘风破浪，扬帆远航。风云精神，代代相承，让我们每一位风云人用激情和青春谱写华丽的篇章，共度美好的时光，开创常青的基业，共享人生出彩时，助力央视风云十年梦，共举华夏儿女民族魂，同心共筑中国梦！

祝愿央视风云明天会更好！

14. 我的风云成长记

——金　秋

2006 年 6 月 1 日　入职

大学刚毕业的我第一次踏进了央视风云的大门。对于这个日期记忆深刻，是因为第一天上班的路上，远在四川的母亲给我发来了短信："祝女儿六一节快乐！希望女儿在未来的工作中，永远像孩子一样快乐！"

那时，中数传媒成立三周年，央视风云成立两周年。

我作为一个非电视专业的毕业生，对于新的环境充满好奇，却也忐忑。电视行业里的一切，对于我来说都是完全陌生的。当时的我对于公司的认识，仅限于《风云音乐》频道，其他的一概不知。来到公司一周后参加的第一个频道会议上，频道主编宣布一直带我的同事姐姐要调到《怀旧剧场》了。大家表情淡定，而我顿时慌张了："《怀旧剧场》在哪儿啊？远吗？"出了会议室，一直追着别的同事问，生怕以后遇到问题找不到师傅。大家都乐了，指着走廊对面说："那儿，不远……"我知道，我被鄙视了。

我就这么丢人着、学习着、进步着，知道了什么是对编、什么是掐点、什么是节目单，在《风云音乐》频道待到了 2008 年。

2008 年春节　第一次调职

春节后，从老家乐呵呵回到北京，上班的第一天上午接到通知：即日起被调至中数传媒网络销售中心，担任行政专员。晴天霹雳！就是我当时的感觉。在《风云音乐》频道待了一年半，已经不再像以前那样连什么是《怀旧剧场》都不知道，自认为对于京门10层已经了如指掌，我很确定在京门大厦从没见过一个叫“网络销售中心”的地方。所以，我又慌张了。

原来，中数传媒的两大中心：网络销售中心和市场营销中心位于京都信苑饭店，这时，我才第一次知道，公司除了京门大厦，还有别的领地。而作为行政专员，我的工作任务将是处理网络销售中心三十几号人的各种行政事务，合同、发票、报文，等等等等。工作路线则是每天两点一线往返于京门大厦与京都信苑饭店之间。我要突然从一个责编转变为一个行政人员，要离开已经熟悉的《风云音乐》频道的兄弟姐妹们，去一个完全陌生的环境开始陌生的工作。对于作为土象星座的我，改变是最大的挑战，所以离开前，在频道老同事面前不争气的飙泪了。

伴随着对频道同事的不舍，对未来工作是否可以顺利完成的各种担心，我在网络销售中心的四个月工作很快又过去了。

2011 年 10 月“不可能的任务”

从网络销售中心调回风云后，我又经过了几次调动。不同的是，后来的这些次，我再也没有哭了，已经习惯“搬家”的我，2010 年 4 月调至商务合作中心，负责公司的节目采购工作。一切都按部就班，顺顺利利。

直到 2011 年 10 月下旬，公司的一个紧急会议通知，广电总局组织成立的我国第一个 3D 电视试验频道，由台交给央视风云承办，且已定于 2012 年 1 月 1 日试播。由于我们部门的姑娘们并没有去参加这个会，看志刚老师开会回来，神色凝重，部门的气氛有点紧张。在接下来两个月的疯狂工作中，我们越来越理解当天志刚老师神色凝重的原因了。

只有两个月多一点儿的时间，要开办中国第一个 3D 频道。我当时觉得，这是一个“不可能的任务”，但也非常清楚地知道，这是一个必须完成的光荣任务。

我们部门的每一个人，都在第一时间联系了每一家有联系的海内外片商。然而，在打了几十个电话，发了几十封邮件后，得到的反馈并没有给我们很大的希望。因为包括 BBC、HBO 等国际公司在内的九成片商均表示没有 3D 片源，而拥有较多 3D 电影的美国多家著名电影公司，如华纳，迪士尼等，却表示均未开始 3D 电影的电视版权销售工作。因此，现有的片商资源几乎均不可用，节目筹备工作相当于从零开始，要在最短的时间内重新去寻找片商是我们在最初阶段面临的难题。

通过我们可用的所有关系，在全球范围内广撒网，了解全球 3D 节目情况，我们终于找到了几家拥有 3D 片源的片商，节目筹备工作初有进展。在后来两个多月的工作中，时间紧、任务急，我们先后准备了十几版购片方案，公司各部门通力配合、每天沟通，每天汇报。终于，还是克服困难，有惊无险地圆满完成了节目筹备任务。

2012 年 1 月 1 日，虽然没有在开播现场，但通过微博看到领导们、同事们个个戴着 3D 眼镜，神采飞扬的样子，我激动又自豪地转发：“史上最帅气开播！”

2013 年　十周年

我的办公桌上，现在还挂着 2007 年央视风云三周年合家欢的纪念照片。照片中的同事们，比着胜利的手势，挥舞着写了“风云”二字的大旗。而现在，我们一直陪伴的公司要迎来它的十周年纪念日了。公司经营的付费电视，从无到有，转眼就走过了十年的历程。我很荣幸地见证了公司的发展壮大，也很欣慰自己能像公司一样，摆脱稚气，慢慢成长。

未来的路上，还会有未知的挑战，对自己、对公司，我依然充满信心。

15. 记忆——我的风云十年

——姜　涛

面对这样一个题目，凝视一页白纸许久，我却一度不知该如何下笔，绝不是过往十年里的内容太少，而是可以触及的地方太多、太多……

有时候，我常想，该如何定义一个时间的概念？往往最简单的不过是以年、月、日、时等度量单位来体现。但是，那样却难给人以深刻的感觉。其实，之所以感觉模糊，是因为少了时间的参照物，更如一个类似地理的坐标，让我们随时可以清晰所见，切肤所感。

央视风云，便是我已过十年的坐标，它意味着参加工作20年的我，一半的时间在这里度过。

有幸，我和历史站在一起

十年前的那个夏天，比炎热更深刻地留在我们记忆中的，是刚刚经历了一场恐怖疾病灾害后人们重新开始新生活的欢心和欲动。而一批传统的电视人，伴随着这个夏季，正在北京市海淀区玉渊潭公园东侧的一个“小黄楼”里为一个新项目忙活着。殊不知，中国电视行业正在他们手中悄然翻开了新的一页。那时的我，正每天数次地往返于这座“小黄楼”和中央电视台主楼三层的播出机房之间。

2003年9月，中央电视台试播了《音乐时尚》、《电视剧场》、《京剧经典》、《足球》、《城市体育》5个数字电视频道。当时的频道呼号统称为CPTV，意思是中国付费电视。

2004年1月1日，中央电视台正式开播《音乐时尚》、《电视剧场》、《京剧经典》、《足球》、《城市体育》5个数字电视频道。频道呼号统一改变成DTV，开始着重强调数字电视的概念。

2004年5月18日，央视风云（CDP）传播有限公司成立，中央数字电视平台（CDM）自办付费电视频道从此拉开帷幕。这里还有一个有趣的插曲，刚开始，大家都还在揣测台里的领导为什么要把这个新公司定名为“风云”，以至于一度都认为中央电视台要在天气预报类节目上大做文章。

2004年8月4日，央视风云与美国国家地理频道签署了战略合作协议，这是央视风云与境外节目提供商签下的第一笔“大单”。

2004年8月9日，央视第一批6个数字付费电视频道《第一剧场》、《风云剧场》、《城市体育》、《世界地理》、《风云音乐》、《足球》正式开播。

2004年10月1日，中国卫星电视长城平台在北美开播，央视风云承制的《CCTV－娱乐》和《CCTV－戏曲》两个频道在美国落地播出，央视风云开始进军国际付费电视市场。

2004年10月19日，央视风云与HBO（亚洲）在北京签约，从此，中国电视观众离好莱坞不再遥远。

2004年11月1日，央视风云第二批频道《怀旧剧场》、《电视指南》开播。

2005年1月1日开播《央视文化精品》频道。《风云音乐》频道在国内率先实现全频道立体声播出，《第一剧场》频道“热门影院”栏目正式播出。

……

亲历这么多非同寻常“日子”的我，不仅见证着历史，而且还亲身参与着创造历史的工作，内心的喜悦不言自明。

然而，这悄然掀开的一页，其内容变化之深刻，是我们在欣喜之初，未曾能够想象的到的。

新角色，拎着“机关枪”走四方

一切的变化，是悄然间的，也是瞬间的。那时，有着五年短暂电视经验的我逐步发现，做“电视（内容）”已经不再是工作的全部内容，我们还要学着卖“电视（内容）”。在被强调了数次要把“电视（内容）”视作商品，推向市场的理念后，在明白了启动资金之后台内将永无追加经费的处境后，作为传统的电视人，终于明白了什么是“企业”，也终于开始绞尽脑汁寻找给用户们能够接受的“付费的理由”。

所处位置的变化，决定了角色的变化。行业中的新角色，逼迫我开始学习什么是培训，什么是路演，如何做活动，怎样接触“地网”。新角色让我除做好传统电视里的老工作之外，还要学着“走出去”，要把深巷子里的好酒主动拿出去。记得 2007 至 2008 年年中，是我“游走”于市场最多的时候，正是在那两年里，我“游历”了三分之二的国内省份，甚至还一度成为航班常旅客中的金卡。然而，那些多是“九天七地”、“七天五地”的寻访，让我没有时间领略祖国的大好河山，完全是“机场—酒店—会议室”三点一线的出差生活。

还记得，那几年春节过后的第一件事，便是去频道的重点地网，就当年的频道重点节目和卖点进行业务培训。从北京出发的时候，我和同事总要把宣传单页、小礼品等装上满满一旅行箱，手里再拿着两个易拉宝，因其较长又不便托运，就只能随身携带。所以，我和同事就将其命名为“机关枪”。每每一提起“机关枪”，我们都相视一笑，便知道指的是什么了。

类似的俗称还有很多。记得有一年，我们参加了四川兴网在成都文殊坊举办的首届数字电视“嘉年华”会的活动。因为是首次，所以，参加活动的央视风云各个频道都使出了浑身的解数，又是上台表演，又是在展位上“吆喝”。第一天，大家还都老老实实地在自己的展位里面宣传。可是，到了第二天，就觉得那样的力度已经不够了。

于是乎，就纷纷走出展位，在步行街上直接向过往的观众派发宣传资料。当时，我们就把自己的这种行为，笑称为“既站街，又拉客”。

有时候常想，在风云的十年的确让我改变了许多。最简单的，和以前相比，已经不再算是传统的电视人，虽然也还不能算是电视商人，但或多或少也算是要做商业电视的人了。我们在这个行业中所处的位置变了，我们的角色变了，我们考虑问题的思路就要改变，我们的行为方式就要改变，这是风云十年带给我的。我庆幸着自己的这些改变，它让我学着思考市场了、思考用户的需求了。不仅如此，这些改变也开启了自己身上许多从未触及的技能。

求知，这是一所前沿的学校

现在回想起来，央视风云的十年，我就像是在一所随时能够触手所及新知的学校。双 CA、买断、平移、单频道销售、VOD、IPTV、DVB、OTT……一个个新的名词，就标示着一个个新的领域，一个个崭新的阶段，新的知识在这里层出不穷、延绵不绝。我想，这便是，因为，十年前，公司创建之初就确立了要做新的媒体之事，就必然决定了我们要走在行业发展的前端，做新业务、新发展的探索者和侦察兵。求问、求解新的知识、新的领域，是央视风云立业、发展的根基所在。要做新媒体，可以说，你不发展就会被超越。

风云这十年，她教会了我要不断地求知、不断地学习。这当中，除继续历练自己的专业知识外，还要多角度、全方位地学习有关市场、商业以及行业发展的综合性知识，她真的开始把你锻炼成一个初步具有复合型技能的人，她用实践告诉你“技不压身”。

风云这十年，她告诫我做事情不要懈怠，永远没有一劳永逸的事情，一招鲜，也只能换来片刻的安宁。必须不断地超越自己、超越对手。只有做到招招鲜、时时先，才能立于不败之地。

风云这十年，更让我知道了什么是企业的灵魂、个人的价值。快乐工作、不断创新，带着热情工作，保持积极心态，树立成功的信心，专注会使工作做的更完美，一个人在工作中的快乐程度，等同于个人的目标实现值。

风云这十年，我体味到的还有很多、很多……

时光匆匆，风云十年。3650天如一丝清风，已悄然滑过。有时也会感叹，人生又能有几个十年。而今天，写下这篇小记的时候，心中充满着这十年的平静、充实和快乐。

明年，在那个日子，我愿心捧一束鲜花，面对她说："央视风云十周年生日快乐！"也愿转身对自己，[illegible]个十年的一员，说一声："十周年快乐！"

我更愿与我的同事们，以创新的精神、快乐的心态、辛勤的劳动，签下央视风云下一个十年的生日之约。

16. 相遇　相知　相伴

——金素明

2013 年 4 月 23 日，得知公司将举办“中数传媒和央视风云成立十周年”主题征文活动开始，这个话题就一直萦绕在脑海里，每周例会也多次提及，私下里却也真是煞费苦心、绞尽脑汁，到底要怎样写，文笔才够漂亮，语句才够完美，包括文章的开头、结尾处，一一都想设计出新。一天，偶然翻看“李安传——十年一觉电影梦”启发了我，书中，李安用极其简练的语句，表述了他的十年。我想，写我与风云的十年，就该用最朴素、最平实的语言，那才是最真情的表达。

七年前，我从台里入职到风云，印象较深刻的是，一下电梯就看到一面电视墙，播放着风云各频道的精彩节目。之前，对于风云略有了解，当直观地看见，心中不免有些许的小惊喜！惊喜于这个公司还蛮注重文化的。离开异常紧张、轰轰烈烈的电视第一线，初到风云，陌生的面孔、陌生的环境，使得我有些不适应，但很快地，我就被大家的热情、亲切感融化了。这里的一切，都是在有条不紊地，按制度、按流程地进行着。

如今，风云走过十年，我虽没有从零开始迈步，却也伴随着一路走来。风云就像一个大家庭，每个人都有属于自己的角色与位置，刘总就像这个大家庭的大家长，我们这些员工，就像是他眼中的孩子，工作做好的时候，他会笑意满满地表扬，并给予一定的奖励。但当我们真的做错了的时候，刘总也会毫不客气地、严肃地提出批评，并指正我们，帮助我们树立正确的人生观、世界观。2012 年，中数员工徐守锋身患急性白血病，公司第一时间，上下举措，伸出援手，积极无偿献血，帮他渡过难关。或许是大家的真情，或许是大家庭的温暖，感动了上苍，打败了病魔，徐守锋很快就痊愈了。我想，这就是“情”的力量，是一个有血有肉的优秀团队，凝聚出的无限力量，这个团队就是刘总带领的风云与中数。

每当提起领导，员工似乎都觉得有点生畏，不敢靠近。但我眼中的刘总，就像2012年度公司年会上，技术制作中心画的那幅卡通肖像画那样，手拎饭盒，架着眼镜，脚步稳健，大步走来，俨然一个邻家大叔的形象。其实，这正是刘总平日里的样子。无论你在公司里、台里，抑或是梅地亚，只要跟刘总偶遇，刘总就像是碰见了老朋友似的，热情主动地打招呼，那感觉，让人心里暖暖的。

一年365天，大家因为风云、因为中数、因为缘分，朝夕相处，每天快乐地工作在一起，彼此信任、彼此了解、彼此关爱，这中间不乏有喜怒哀乐。在技术制作中心有个笑谈，那便是“每天娱乐5分钟”，工作是紧张的，压力是存在的。一个新项目的来临，总能让大家迸发出“小激情”，开动“小宇宙”，从而搞出“大创作”，“景泰蓝”、“国脉”亦如此。十年来，技术制作中心一直默默地坚守一个信念，那就是——“为艺术服务”。中国人羞于说“爱”，那就用喜欢来表达好了，我喜欢我的工作，我喜欢我的同志们，我喜欢我所处的工作氛围。

每当迎着早晨的朝阳，走在羊坊店路上，望着京门大厦楼顶央视风云各频道大广告牌的时候，不免心生自豪、心存感激。自豪的是，这辈子我真是有幸，一是有幸成为“电视人”，二是有幸成为“央视人”，三是更有幸成为“风云人”。感激的是，职业给了我外人羡煞的荣誉。

七年前的相遇，直至现在的相知，与风云相濡以沫，未来，风雨兼程，将与风云相伴。

17. 十年历练，从新人到老兵

——与中数共同成长的日子

——李　陈

十年前，当我们团聚在“公社”时，我们满怀憧憬，为开创中国数字电视事业，我们激情澎湃；十年后的今天，我们已经是数字电视的老兵，为了中国数字电视发展，我们中数人还在继续前行。在这十年间，数字电视从无到有、从少到多，我们的队伍同样从小到大、由弱到强。

2004 年 6 月，我进入中国数字电视排头兵中数传媒，当我站在堆满了等待安装设备的机房时，心里涌上阵阵激动。从此，为了推进中国数字电视发展进程，为了中数传媒更好地前进，也为了体现自己的实力，我们冲向全国，尽全力拓展中数版图。作为始终工作在一线的技术人员，我经历了技术平台的建成和发展变迁，随着业务不断发展，平台的频道数从最初 2 个转发器的 20 套左右节目，发展到 5 个转发器最多的时候 46 套节目；与全国各地网对接的系统数，最高时曾达到 280 多个，仅两级在网用户数近 800 万，在全国有线网数字化过程中，扮演了不可或缺的推手，也由此奠定了全国第一平台的美誉，数字电视频道市场占有率一度达到 90%。我们的团队，也从最初的两个部门不到 20 人，发展为 4 个部门 30 多人；承接的工作，也从最基本的标清付费频道加密，扩展到为台所有高标清频道和 3D 频道的加密保障。

近年来，随着新媒体技术的不断发展，网络带宽的不断提升和网络视频技术的演进，使基于 IP 网的数字视频业务不断成熟，也推动了广电和电信行业更加激烈的竞争，数字电视频道在基本完成全国有线网数字化改造这一历史任务后，从之初的新媒体转变成了传统媒体，数字电视频道的业务形态，也从有线网络主要业务，让位于新的增值业务，如点播、高清等。在全国有线业务一片升级声中，平台数字电视频道的经营出现了瓶颈：由于数字电视发展初期，数字电视频道为各电视台副产品，频道质量良莠不齐；由于政策管制，数字频道经营范围狭窄，始终无法形成成熟的盈利模式，自身造血功能不足；由于新业态的竞争，数字电视频道还未收获就面临困境，对集成平台也造成了重大影响。

为了适应数字电视业务的变化，公司也做出了相应举措，通过积极加强与台本部联系，获取新业务，拓宽公司业务范围，通过 3D 试验频道，提升团队技术水平，提高了公司在台本部的地位；利用全台唯一的加密系统这一优势，取得全台所有公共频道，包括将来高清的加密传输和落地发卡业务，为公司在台内技术系统占有了一席之地。在新业务方面，为配合网络公司业务发展，公司推行频道高清化，计划在2014 年将台属数字频道逐步实行高清化改造，使平台在对外竞争中占据首位；为了实现业务的多种经营，公司在 VOD 业务上也进行了布局，经过几年蛰伏，VOD 业务终于走向前台，有力地提高了公司竞争力。

通过十年发展，公司正从单一付费频道业务，发展为付费频道业务为主、多种业务逐步发展、平台服务对象重点从单一付费频道加密集成，到全方位向台提供加密传输服务。尤其是台公共频道开办高标清同播频道以来，集成平台依靠技术优势，对所有已开办的台高清频道实施加密；3D 试验频道的开办，更是跨出了中国电视史上里程碑的一步，使公司在队伍建设，提高公司在行业内话语权方面起到举足轻重的作用。

这十年，是数字电视从出生到成长的十年，是公司起步发展的十年，同样，也是我们人生中最宝贵的十年。在这十年中，我们奉献青春，收获的不仅是成绩和经验，更是人生征途上的历练。我们与中数共同成长，我们还将一起继续壮大，我们在路上。

18. 看见下一个方向

——李南南

一 上 路

2008 年，已经从事电视两年，这年秋天，朋友第一次跟我推荐《陈虻语录》。现在想起来，最后悔的事就是当时没有听朋友的建议，及时去看。原因不是懒，而是我正在沉迷于一个叫作《数字飙榜》的节目，在当时的我看来，飙榜，即是我电视职业的全部。尽管如今想来，这之间或许不存在可比性。

这年秋天，还有两件事。

我最不满意的作品，在网上超过了 34 万的点击量。我最满意的作品，只有短短的几十个留言。

二 前 行 1

2009 年 12 月的最后一周。早上进机房时，同事告诉我，有观众打电话来，问“80 后系列”什么时候播。

我高兴了一天。

“80 后系列”像我的孩子，一个可以独立行走的生命。我承认他并不完美，但至少，他可以说自己是成功的，借用李开复的话——成功，就是做最好的自己。2009 年的年末，把全部的精力，投入到了“80 后系列”的制作。原本做 60 期的打算，因为人力所限，变成了 30 期。也好，恰好 2010 年“80 后”30 了，30 期的节目，30 年的回忆。

曾经有一段时间，再回头看这个系列，真的觉得做得很不好。但有趣的是，今年我30岁，恰好开始怀念起我的“80后系列”。

三 方 向

2010年年末，2011年年初，具体什么时间我记不清了，接到年会宣传片的任务。时间只有两个星期。头一次有机会去采访其他中心的同事，也头一次试着站在另一个角度去统筹一件事。

本来认为这是个高谈阔论的片子，但当我完成了所有采访，把“我们的2010”剪出来时，很意外的，我居然被感动了。原来，每个人、每一天，都奔走在各自的路上。尽管我们有着不同的目的地，但相同的，我们都拥有一颗享受着“在路上”的心。

四 脚 步 1

我有一个习惯，每隔一段时间，就上网看看以前的作品，我相信，一个好的作品，一定是编导自己也喜欢的。

2012年夏天，发现自己已经快半年没有回顾过以前的东西了。

浮躁。

写到这一段时，一个意外操作，Word关了。

关了，再打开，再继续写，顺便看看刚才写的有没有错别字。

突然发现，重开Word的行为，很像我正在试图表达的事情。一件事情做到浮躁时，把心沉下来，平静的、缓慢的，再重新打开，检查以前的，然后再迈出第一个脚步。

也许，这是很多人经历过的。

五 脚 步 2

2013年年初，从四年前开始担心的、即将步入30岁的焦虑，并没有如期出现。本来以为是自己大成了，后来明白只是自己大意了，忘记焦虑了。

这段时间听到一个新词——“完整的自尊体系”。大体是讲，人的自尊是在内部建立的，很多的不理智，大都源自缺乏“完整的自尊体系”。重建自尊体系，一度成了我这段时间反复琢磨的话。其实什么事都没有发生，我只是单纯的觉得，参透这句话，有大益。

六 前 行 2

此时，一度认为王家卫矫情的我，很想借用《一代宗师》里的一句话。

功夫，就是时间。见自己，见天地，见众生。

每个行业，几乎都经历这三个阶段。我现在几乎连自己都看不清，要想的东西，太多太多。

但坚持前行的脚步。一段旅程的意义，也许并不是为了终点，行走的目的，是因为享受行走的意义。

在路上，看见，下一个方向。

19. 十年——我和风云一起成长

——吕向东

2004年5月，央视风云传播有限公司诞生。

此时，中国电视仍处在激情澎湃的年代，一系列围绕改革的先进理念冲击着陈规陋习，固定思维和原有的节目模式已式微，各种新奇的想法和创意层出不穷。已有佼佼者率先从西方多样的电视生态中复制新节目并大获成功，然而，主流节目依然中规中矩，不温不火。国外电视节目形态和经营模式尚属新鲜事物，中国付费电视更是一片处女地。有远见者预言，激烈的收视率竞争将导致受众市场的细分，更专业的收费频道将吸引稳定客户群。这片“蓝海”市场将是中国电视未来的走向。

电视业呈现出一派生机勃勃的景象，怀揣梦想的中国电视人在满腔的热情和宏大的抱负中挥洒着青春的汗水，每个人脸上都带着跃跃欲试的希望，创新的氛围和变革的大潮让人们有了大展拳脚的天地。此时的央视风云，是这大潮中的一朵浪花，迈着轻快的步伐，悦动在时代的潮头。

这一年年底，我加入了央视风云。

此时的我，刚刚走过而立之年，已经在开路频道工作了八年，传统电视节目的套路已经驾轻就熟。这是一年的年尾，新的一年马上就要来临。寒冬料峭，但春天已经可以期许。一切都是新的，新的公司、新的面孔、新的起点、新的观念。但谁也不知道付费电视怎么去做，公司未来会是什么样子。我们只好按照传统电视的做法，开始“摸着石头过河”。好在未知并未给大家带来惶恐，当时的想法就是：做观众爱看的节目，打造品牌频道。这是万变不离其宗的根本道理，只要还在电视圈，这就是一条“金科玉律”。

然而，理想很丰满，现实太骨感。新公司无论在资金还是人员上都很匮乏。而且，在公司业务模式和发展方向上，没有既定的模式可以复制，没有成功的样板可以借鉴。传统的央视和地方卫视已经发展得风生水起，一家新成立的公司如何从中瓜分市场份额，抢占观众资源？当年孙玉胜董事长带领我们开创新公司，相信跟随者都是以一种肩负重大责任的开拓者精神，把它看作一场挑战。大家在相同的道路上摸索，道阻且长，只有相互扶持，脚步才会越来越稳健扎实。央视风云走到今天，靠的就是这样一个团体。前面的人踩出了脚印，后来者顺着脚印再继续前行。每个人，带着不同的背景，有着各异的故事。此刻，都怀着同一个梦想，并且把自己的命运同前途未知的央视风云连在了一起。很多人跟我一样，这一连，就是十年。

公司初创阶段，资源有限，现金流也不充裕，有各种想象不到的困难。前三年，公司业绩处于亏损阶段，开拓新业务的压力由此滋生。为了尽快打开局面，公司领导制订了一系列计划，开始广泛开拓合作资源。当时的公司里，穿梭着各个洽谈合作的拜访者。频道内的节目量迅速增加。终于到了第四年，公司经营业绩开始好转，地网覆盖数量也明显增加，并跟歌华有线建立合作打入北京市场，公司成功度过了初创时期最艰难的日子，开始迎来高速发展时期。

截止到 2012 年年底，公司已与全国 29 家省级网络运营商、30 家市级网络运营商、5 家县级网络运营商、9 家企业网和 9 家代理商建立了长期、稳定的合作关系，基本囊括了国内所有开展付费电视业务的有线电视网络运营商。在央视风云的精心打造下，一个又一个个性鲜明、质量上乘的数字频道相继诞生，《世界地理》、《第一剧场》、《风云剧场》、《风云音乐》、《风云足球》、《高尔夫 · 网球》、《怀旧剧场》等纷纷进入观众视野，荣获无数赞誉。作为央视风云的一份子，我深感自豪。直到今天，我依然坚持认为，央视风云是迄今节目样式最为丰富、节目形态最跟国际接轨的国内传播公司，节目内容具备独创性，与其他传播公司相比，具有不可替代的差异化优势。央视风云的出现，为国内观众打开了一扇了解外国历史和文化的窗口，在中国电视史上，具有里程碑式的意义。

渐渐地，我也在平凡的岗位上有所收获。由于大部分员工是年轻人，工作环境充满了朝气，每个人都干劲十足。由于公司业务主要是整合台内和国外节目，工作多集中在后期编辑。我被分配到后期合成机房，每天的工作量很大。制作部屋里永远堆满了各种带子，等着剪辑、包装、上字幕。因为要把关国外节日中涉及不健康的或者舆论导向错误的内容，工作时神经总得绷着。同时，公司也对外承接节目制作工作，先后做了几部电视剧的后期制作，非常锻炼人。春节期间还完成了台里春节特别节目的重新整合编辑，每天长达 8 个小时。紧张密集的工作让我得到了锻炼，增长了技能。每天完成工作后，走在空荡荡的走廊，心里会升起一种满足和欣慰。我目睹了公司的壮大，公司也见证了我的成长。

经过很长一段平稳发展期，公司迎来了又一个发展高潮。这是一次技术领域的更新换代，3D 的旋风已经横扫影视界，《阿凡达》等 3D 大片频频谱写票房神话。2012 年开始，公司负责中国首个 3D 电视频道“中国 3D 电视试验频道”的落地工作。央视风云再次走在了行业的前端，这在中国电视史上也具有里程碑意义。刘总到任后，主抓 3D 频道，这不仅表现了领导的高瞻远瞩和敏锐的行业洞察能力，更是我们作为电视人的幸运。让我们能目睹甚至亲历这一伟大的历史事件。截止到 2012 年 12 月，全国已实现落地入网单位达到 183 家，其中包括 26 家省级网络公司，基本实现了 3D 频道的全国覆盖。

公司辉煌的成绩后面，也有个人努力的身影。对于我来说，这是一项新的挑战。3D 电视节目作为一个新的技术课题，国内无成功经验可借鉴，无法提供技术支持，只能寻求国外指导。为了攻克 3D 技术，公司制作部组织人力购买了新设备，并组织人员去索尼学习 3D 新摄像机的使用，我有幸参与其中。从电影学院专家教授在演播室里手把手的教学，到能够拍出合格的3D作品，这中间历时三个多月。每次学完理论之后，我们自己去外景拍摄，回来看素材、写总结，领导帮忙分析，指出缺点和不足，然后，再回到实践中改进。终于，我完成了《北京的清晨》、《宋庆龄纪念馆》、《中山公园》、《芭蕾舞》等节目的3D拍摄。和传统电视节目拍摄不同，3D拍摄要求更高的精准度，而且程序复杂，特别是对于运动影像，非常难处理。通过不断地摸索方法，总结经验，自己对于这门技术的驾驭越来越熟稔于心。其间，我拍摄的《景泰蓝》获了奖，这对我是一种莫大的肯定和鼓励。

2012年10月，3D频道组织《春晚》纪录片的拍摄，这是一项新技术在一个新领域的探索，也无疑是提出了一个新的高度。3D能拍纪录片吗？像所有新事物一样，这个项目刚开始也饱受质疑。结果我们团队用了半年时间，分了5个小组，拍摄长达1000多小时，制作了4集专题纪录片，并且在春节期间顺利播出，这是一个多么令人欣慰的事情啊。在不知不觉中，我也得到了全方位的提高，从一个后期合成人员到一个前期拍摄3D的专业摄像，我拓宽了自身的业务领域，提高了业务水平。能够和公司共同成长，我由衷地感到高兴。公司给所有人提供了一个施展才华的舞台和巨大的成长空间，这是每一个员工的幸运。领导要求我们做到专业，这意味着，你比别人要付出更多，更注重各项工作的细节，更长时间的积累与磨炼。因为，只有你够专业，才够权威。同时，公司也向着创新型企业转变，多档自制节目的开播，女性的《尚风会》、地理频道的《中国大观》、第一剧场的《微电影》、3D频道的常态化节目播出，无不证明了这一点。公司的成长，每时每刻都给我们提出了新的要求。在创新型环境下，我们只有保持不断学习，才能跟上公司快速前进的步伐。

十年风云，十年风雨历程。如今的央视风云已长成一棵参天大树，任风云变幻，屹立不倒。它每一个辉煌的历史瞬间，都是我倍感荣耀的时刻；我的每一个不眠之夜，都记录进了它成长的年轮。

十年，我们一起成长。

20. 硬盘日记

——刘凯宁

2010年12月3日，一只手指粗暴地按下了电源的开关，风扇开始嗡嗡地转动，CPU孜孜地运算起数据，所有的部件在酣睡中惊醒。而我作为这个崭新的机箱里唯一一块身材健硕的硬盘，也从此刻开始，忠实地用我身体记录在这里发生的每一簇细节。

记录的日子简单而枯燥，很长时间里，都只有一个叫“工作资料”的文件夹在我硕大的空间里茕茕孑立，每天存入的文件并不多，但块头都不小。我一天大部分时间都在百无聊赖地看着CPU忙得晕头转向，时常因为算错或弄混了数据而导致整个系统崩溃，这时候，经常会从键盘传来各种诡异的组合信号，有时，甚至有刺耳的声音隐隐地传到机箱里。所以，CPU虽然总在我们面前趾高气扬，但是，却从来不敢与键盘见面。

每天读取那些新存储进来的文件，是不多的能让我有些乐趣的时刻，因为，我喜欢那些文件中拥有的一些艳丽的而我不曾见的颜色，把我整个用冷灰的金属构架的身躯映出了几分柔和与生机。2010年12月，两个叫“风云足球频道页面”和“高尔夫网球页面”的文件一身绿色地入住进来；2011年1月1日，一个叫“中国电视网首页”的文件披着红红火火的颜色闯进了我的领地；紧接着，蓝色的“电视指南频道”、金黄色的“怀旧剧场频道”、银灰色的“风云剧场频道”等等各种写着某某频道的图片文件纷至沓来。一个个文件，用色彩的点在文件夹中慢慢编织出一张绚丽的网。

CPU告诉我，这台电脑的主人是一名网站美工，而“中国电视网”就是这个网站的名字，我不懂什么工人为什么还美，也不知道除了蜘蛛什么能站在网上，CPU嘲讽着说我一脑袋的磁头怎么能和它一脑袋的晶体管比？我被揶揄的说不出话来，便只好每天埋头听它的颐指气使。白天里总是忙碌，有时也会在深夜里闪烁着读取数据的光芒，文件夹里总有新的火花跳跃，我习惯了轻轻的惊喜和静静的记忆。有时也会和CPU分享，虽然总被鄙夷，但我依稀感觉到，它在指挥我们的时候，声调虽依然短得像掐死了尾音，但确实轻快了许多。

我随着电脑主人的成长慢慢变得丰富和充实。2011年6月，“工作资料”的旁边多了一个文件夹，名字是“我的生活”。文件夹里经常存入许多新的照片，有的是在绿草碧天的户外合影、有的是在推杯换盏的桌前欢聚、有的是在拓展的场地上呐喊助威、有的是在表演的舞台上的载歌载舞。每一张不同背景、不同面孔的照片上，却都有着一张相似的清爽的笑脸。2012年3月，文件夹里又多了一组照片，上面是3个粉妆玉砌的小宝宝，CPU说，这个办公室今年又多了3对年轻的爸爸妈妈。

外面的世界总被时间流逝，我的世界里却被时间慢慢填满。这些数据见证着走过的轨迹，也见证着工作中的成长与生活中的收获。我从只懂得看那些文件的颜色品头论足，也逐渐体会到每一个频道页面所展现的内容和体现的内涵。存进来的公司简报让我了解了公司的定位，我习惯每天看更新的节目单和首页新换的影片介绍……如今已经是2013年的仲夏，我在前几天读到了存进来的一篇文章，知道公司已经成立十年了，我不知道十年是多少时间，便去问CPU，CPU也不知。因为它们等不了那么久就会报废回收到工厂了，十年后只有我会依然存在，因为虽然我一脑袋的磁头不值钱，但里面记录的东西已经是这个公司不能缺少的一部分。我想，十年以后我便依然存在，也必然已经是装着满满的收获收藏在某个角落了，而新的机箱里也会有新的大块头接通电源，对未知虚怀以待。“10”不就是一个“1”加一个轮回么。

21. 当往事已成记忆，让我们携手向前

——吕　强

时间滴滴答答地跑个不停，进入 2013 年，公司迎来了十周岁的生日。九年前，我来到京门，成为中数人，蓦然回首，自己的青春年华已悄然逝去。回头望去，致我们终将逝去的青春，往事已成记忆。从 25 岁到 34 岁，人生中最好的九年，我一直坚守在京门，一直坚守在中数。十年间，中数人在创业的道路上走过了艰辛万苦，数字付费电视的产品形态和竞争环境已发生翻天覆地的变化，生活中的改变也不仅仅是我们的年龄和生活角色，还有北京的房价、交通和空气质量。然而不变的是，我们对数字付费电视的梦想，我们的创业激情，我们的坚韧，还有我们身边那么多一同战斗多年的同事。如今，耳边还会时常想起当年公司开会时大家齐唱“我梦未来不是梦”的旋律，现在我们依然快乐工作在中数，快乐生活在北京。

2004 年 7 月，刚来公司的时候，中国的数字付费电视方兴未艾，公司的业务刚刚起步，中数是中国数字付费电视行业的风向标，站在历史的风口浪尖，中数人承载了推动中国数字付费电视发展的责任与使命。

2004 年 8 月，公司集成平台的付费频道开始上星加密播出，所有的人都努力着、奋斗着，办公室 24 小时灯火通明，看到同事们忙碌的身影、对事业追求的梦想、坚韧的干劲和创业的激情豪迈，让我感到中数定会前途无量。当时，付费电视似乎只有付费频道这一成型的单一产品，VOD 业务星星点点，IPTV 还在讨论路在何方，网路视频还未

迎来元年，没有高清，没有3D，没有直播星，没有CMMB，没有OTT，没有网络电视台，没有土豆、PPlive、优酷、爱奇艺，大家更多的还是在讨论有线网中的机顶盒如何推广和平移。在那个专业频道、节目资源匮乏的年代，中数的付费频道标新立异，独树一帜，赢得了市场。那个时候，我们充满激情与期待，我们庆幸成为中国数字付费电视的先行者，我们乐于成为中数人。那个时候，技术播出中心还叫技术部，我们全国天南海北地跑个不停，经常是每天都在不同的城市与当地网络公司讨论两级CA技术对接，没有周末，忙得不亦乐乎。面对大部分地网的抵触和其他集成平台的围追堵截，我们失败过、沮丧过、抱怨过，但每当成功对接一个网络，我们依然扛起行李，继续前行。

在年底中数第一个年会上，当时公司的孙总宣布公司当年节目费收入30万元的时候，大家为这个起点欢呼雀跃，大家坚信朝阳慢慢升起，我们的成功就在不远的将来，我们高唱"我的未来不是梦"。

2006年1月1日，中央电视台第一个，也是中国第一个高清频道《高清影视》正式开播，频道由中数负责运营推广，高清频道的开播揭开了中国电视发展的新篇章，它是继播出黑白电视节目、标清彩色电视节目之后，中国电视发展史上的又一个重要里程碑。中数再一次站在了行业发展的前沿，中数人也再次成为电视发展的弄潮儿。在这其中，我有幸参与了高清频道开播前期的加密传输、高清机顶盒和电视机的标准制定、产品测试以及与地网的技术对接工作。期间，我们为了解决各地网CA和EPG的兼容问题，扛着重重的服务器和机顶盒全国各地地跑；为了解决终端高清机顶盒和电视机的兼容问题，我们调研了16家机顶盒厂商的机顶盒产品，跑遍了京城各大电器卖场，了解了14家电视机厂商的226款电视产品，在国家和广电行业未出台统一标准的情况下，我们制订了自己的高清电视机和机顶盒产品标准；为了做好杭州开播仪式的技术保障工作，我们在华数的机房蹲守了半个月。工作虽然艰辛，但中数人那种对事业追求的梦想、在一起打拼的创业激情、坚韧不拔的意志，让我们坚信“我的未来不是梦”，中数人依然会披荆斩棘、勇往直前。

2012年1月1日，中国3D试验频道开播，历史再一次眷顾了中数，中数人再一次创造了历史。在时间紧、任务重、协调工作复杂的情况下，中数人再一次体现了开拓、进取、创新的精神，在短短两个月内，完成了3D试验频道开播的筹备工作。当我在911机房看着电视屏幕，和同事们一起分享频道开播时刻的激动与喜悦时，时间仿佛回到我刚来中数的那一刻，我看到的依然是中数人对梦想的持之以恒，对创业的激情澎湃，对工作的豪情壮志，对中数的难舍难离。这一刻，我们坚信，中数会再一次腾飞。

十年，那些人，那些事，仿佛就在昨天，有很多同事选择了默默的离开，但更多的同事选择了坚守。十年，中数人一直为打造内容卓越、市场领先、技术先进、品牌过硬的付费电视龙头企业而努力着、奋斗着；我们曾为保持多年的频道集成数第一、签约网络公司数第一、在线付费用户数第一而成功过、骄傲过、快乐过、自勉过。

十年，周围的环境日新月异，计算机和互联网的发展让如今的我们不仅是面临着广电行业内的竞争，更可怕的还有互联网内各种新媒体、新业态、新产品的颠覆性革命。2013，中数人的面前布满荆棘，任重而道远，但我们坚信，只要我们坚持，我们依然可以携手阔步向前。

22. 十年如是风云梦

——骆　琼

今天教快两岁的女儿认识“圆”，告诉她大树的年轮就是一个圆套着一个圆……把着宝贝的小手画着一个又一个圆，刹那间惊觉——果然自己生命的纹理又已填上了十载春秋，这个人生中最重要的十年，与“风云”同在。

如果说人生是场多幕剧，重要的转场似乎总是发生在某个看似绝不起眼的片段。2004 年，那是个普通的不能再普通的炎热的下午，经朋友推荐，我第一次踏进京门大厦 3 段的电梯，耳畔还在回味着朋友说的话：“央视数字电视上马，‘风云际会’在一个刚刚起步的公司，事业就像一轮正在上升的朝阳，所有亲历者最终将以此为荣……”走进编播部的大门，突觉一切都是这样熟悉和亲切——有远见卓识的领导，有同乡或校友的同事，大家年纪都不相上下，忙碌的脚步是那样的轻快愉悦。

“第一批频道要开播了，大家鼓足干劲!”“为第二批频道成功开播干杯!”“大家再熬一个通宵，最后的难关就要渡过了!”……记不清有多少次这样的激动人心，也记不起来有多少个彻夜未眠，令人难以置信的是，从来自以为卑微的小小的我，竟然在这么年轻的时候就如此幸运地遇到了人生第一位“Mr Right”——一份真正有价值意义和归属感的工作。之后的日子，便如上紧了发条的时钟，滴滴嗒嗒轻快地流过。并肩奋战的同事由最初的十几个变成几十个、上百个，部门也不断细分完善，大家的工作任务渐渐平稳起来，日子被紧张高效的工作填充着，生命中最重要的友谊也在这个过程中发酵、酝酿着，对事业、对生活、对未来，我从未如此期待。

而就在这时，我经历了一次情感上的寒冬。携手北漂的男友离开了，生活刚刚顺遂的我又陷入了一个前所未有的深渊，我甚至不相信自己能缓过来。竟然是我在新单位刚刚建立起来的友情，在此时给予了我极大的支撑——她们邀请我去家里过年，周末找我逛街，怕我独自在家无聊而安排出时间频繁组织聚会……告诉我不论世事如何变迁，我还有她们。那是一段怎样的人生经历呵！快要触底时碰到了柔软的她们，让我对命运的抱怨变成了感恩。我告诉自己：也许这就是人生，并没有一帆风顺，但总有一线希望。

那几年，我们工作在一起，租房在一起，一起学习，一起笑闹，平平淡淡中，生活一改往日的严苛，变成了一个慷慨的赠与者，端着一杯美酒款款而来……

2010 年 5 月，我结婚了。有稳定的工作做后盾，生活中的一切被安排得有条不紊，家人和爱人也非常支持我在单位努力工作，好好表现。在这期间，我在单位的工作成绩也得到了领导和同事的认可。怀孕后，可亲可敬的刘老师特意调整岗位，让我这个高龄产妇可以一边处理好工作，一边安心待产，同时，也确保之前的编播重要岗位继续保持零事故运转万无一失。

工作这么多年，我深知电视节目生产播出链条上编播工作的重要性，它要求我们每天保持良好的状态，不容有半点疏忽。播出线上的一点闪失，就可能是银屏前的重大事故。所有编导编播人员之前的努力呈现将功亏一篑。“播出安全重于一切”，生完女儿返回工作岗位后，为了照顾孩子方便，我申请上夜班岗位，得到领导们的理解和帮助，避免频繁的换岗带来的安全隐患，同时自我调整，积极更新专业知识，迅速找回以前的工作状态，确保为公司把好技术审查关。截止到目前，每月技审播出带 200 盘左右，节目总时长 5500 分钟左右。现在因频道的增多，带子的数量也在逐渐地增多，虽然量很大，有时候一天看下来，眼睛会觉得酸疼不适应，但是，我们计审人员还是会认真计审好每一盘带子，如漏掉一点错误，那将会给随后的一系列的工作带来不必要的麻烦。

在各位领导及同事的关怀帮助下，通过自己不断的努力学习，在业务水平熟练方面有了一定的提高。对于技审节目过程中出现的问题，能够做到较为合理有效的判断；对于拿捏不到位的问题，能够及时与上级领导及节目编导进行快速良好的沟通，并做出较为合理的解决。严格贯彻执行公司及部门各位领导对于技审节目中提出的各项相关要求。

虽然，我们每天都重复着同样的工作，时常在回家的路上，耳边都想起刚刚计审过的节目的声音。偶尔也会感到些许乏味，但是，很快我便意识到自己本质工作的重要性。懂得珍惜自己现在拥有的，珍惜每一个机会。每一份工作都有它存在的意义，看起来简单的工作却需要我们提起10分的精神认真做好它。

至今，每每女儿把电视频道摁到我们公司制作的频道时，我都为自己所从事的电视工作无比自豪，我想，我在这里找到了人生的真和美，把艺术的熏陶、精神的享受和情感的温暖结合在了一起。在以后的职场生涯中，我只有以百倍的勤奋和细致，更加努力地提高自己的业务修养，时刻不忘以一名合格优秀的电视人自我要求，继续勇敢追逐我的“风云梦”。

23. 我的前半生

——林志京

我来了，2004 年 10 月，我踏进了这个陌生而又神秘的公司——央视风云传播有限公司，在后期包装部做视频剪辑工作。虽说在加入公司之前，我在影视后期制作也已经干了有六七年，且跟央视的一些频道也经常有业务来往，但付费电视这个新鲜的收看方式着实让我感到新奇，“难道看电视还要花钱?”记得小时候，家里的黑白电视用拉杆天线甚至几个易拉罐排列做成的接收天线都能收看节目，谁能拦住我，不让接收信号呢?

从进入公司那天开始，随着工作的进展和对公司进一步了解，我明白了电视收费的初衷和理念，原来，这是面对一些窄众的、专业的、相对固定的群体孕育而生的，虽说相对专一，但类型丰富，从游戏到体育，从孕育到军事，无奇不有啊，而且，在国外已经是很流行的模式了，（但要经历一个漫长的社会认可和接受的过程）。这就让我看到了电视媒体发展的变革和趋势，传统电视势必要受到付费电视甚至是以后的多媒体电视、3D 电视等等多种新概念模式的冲击，面对这个现实，对我们这样的电视后期制作就要求得更高，虽然营销策略要与时俱进地调整，公司的方针和决策也要适时地改变，但如何在传统电视的根深蒂固的概念影响下，让民众改变收看习惯，换句话说，就是要老百姓掏钱来看电视，其难度可想之大，况且，目前国人的收入还不是很富裕的现状下，这就是公司面对进一步发展中所遇到的极大难题，这就要公司的每一个员工都要有忧患和参与意识，“人无远虑，必有近忧”。

在这十年中，随着时间的推移，我的心态已经从开始的好奇逐步变得成熟和沉稳了，可以说，我来公司的十年里，我只做了一件事：剪辑，做片子。别看就两个字，可里面蕴藏着多少辛酸苦辣、汗水和泪水啊。熬了多少夜，加了多少班，没人知道；吃饭时在想创意，走路在想创意，甚至连做梦都会在想创意。曾记得有位前辈开玩笑说：下辈子再也不做电视人了。虽说是玩笑，但也是心里话，那就是“痛并快乐着”。但每当自己的作品在电视上播出时，成就感就会油然而生，苦涩劳累顿然退去。我们每一位员工都应成为默默无闻的一粒铺路石子，才能将公司的发展道路延续铺下去，才能让公司的未来通往天空中的七彩祥云。

在这十年中，公司为每个员工创造了极好的工作和学习的环境及氛围，使我学到很多，从做人做事到待人接物等等。公司的规模也在逐步壮大，从公司在京门大厦所占用的楼层和面积就不难看出它的变化。同时，公司内部各部门也在不断的调整和优化，以适应市场的需求。

在这十年中，我身边的同事有些变动，“铁打的营盘流水的兵”，公司不断有新鲜“血液”流入，这也是公司成长壮大的前提，一名员工，只要进了公司，那就是你生存的环境和基础，是你的饭碗。只有大锅里有饭，你的碗里才有可能装满；只有大河里有水，小渠才不至于干涸，为了这“饭”、这“水”，就必须认真地干好自己的本职工作，与公司同呼吸共命运，全身心地投入，即便别人冷嘲热讽，也要坚持自己的理想，不断地学习、不断地创新、不断地提高。而这背后，又是强烈的责任和义务，也是公司凝聚力的体现，我怀着一颗感恩的心来工作，把对公司的忠诚放在第一位，敢于承担责任、敢于吃苦耐劳，通过自己的努力，不断创造优秀的业绩，以此来证明自己的实力。

在这十年中，我把人生最美好的光阴留在公司，我与公司一起成长壮大，公司陪伴我度过了人生很重要的一个阶段，使我懂得了很多。

时光荏苒，岁月如梭，不知不觉间，我结婚了，有了美好的二人世界；又在不知不觉间，我当爸爸了，有了幸福完美的一个家庭。环顾周围，我发现太多和我一样与公司一起成长的员工。这十年的变化，我觉得就像在梦里一样，使我的人生逐步完整和完美。这十年的变化，我觉得我就像一棵小树，在公司这片肥沃的土地上慢慢生长，不断枝繁叶茂，虽说有过风雨冰寒，但我坚持下来了，我挺住了；我们这群小树要连成树林，要连成茂密的森林，要将付费电视这个土地发展壮大。

24. 回眸转身　感悟十年

——刘静波

“十年之前，我不认识你，你不属于我；我们还是一样，陪在一个陌生人左右，走过渐渐熟悉的街头。十年之后，我们是朋友，还可以问候；只是那种温柔，再也找不到拥抱的理由，情人最后难免沦为朋友。”陈奕迅的《十年》是我最爱听的歌曲之一。十年，对于一个中年人来说，不代表一瞬，而是一种转变。是对生活，对工作，对爱情，对友情的重新认识与感悟。

我从2004年5月24日正式成为中央数字电视传媒有限公司的一员，至今已近十年，而2013年亦是公司成立十周年的特别纪念。十年间，公司作为行业先行者，在中国数字付费电视产业发展的大潮中搏击成长。而我也从而立步入了不惑之年，从基层员工步入中层管理队伍。因此可以说，这十年是我与公司共同成长的十年。

公社大会　我们的未来不是梦

2004年6月18日，公司京门十楼新址揭牌；同年8月9日，央视风云6个数字付费频道正式播出，就在当日，公司召开了“央视数字电视公社全体社员大会”。我还清楚地记得，那一天，公司的所有员工，不分职务、性别、年龄，而是按照生肖排列落座，每个人脸上都洋溢着幸福的笑容。孙玉胜总经理以“我们的未来不是梦”为主题，发表了开篇讲话，激励我们勇于探索，创造机遇。就是从这一天起，中央电视台的数字付费频道正式开启了它的旅程。而我身为一名“中数人”，感到极大的荣幸与骄傲。

成长快乐　感受温暖

我从2004年5月入职，一直在财务部工作，期间的工作有过数次调整，曾从事过总账会计、财务主管、内审主管等岗位。2010年12月，公司任命我为财务部副经理，工作重心开始从具体的业务向管理角色转变。美国GE公司前总裁杰克·韦尔奇曾说过：“在你成为管理者以前，成功只同自己的成长有关；当你成为管理者以后，成功都同别人的成长有关。”因此，我深感责任在肩，不容懈怠。

随着中国经济体制改革的不断深入，财务工作迎来了一个接一个转变，主要有：企业会计准则颁布执行；集团财务信息优化管理；推行全面预算管理；税收政策调整，营业税改征增值税等。面对挑战，我们选择主动出击，组织培训；头脑风暴，深入研究；审慎推进，确保各项实施方案顺利开展。充分发挥了团队的协作精神，显现出步调一致，目标明确的工作作风。而每一位成员，也展现出他们的聪明、智慧、无私、友爱，我们在一起感受到彼此给予的温暖与快乐！

这张照片见证了我们的喜悦与快乐。今年开春，响应公司号召，部门组织在北京周边春游。我们翻山越岭，一路艰辛，用时大约4个小时，最后终于由延庆的香屯村到达怀柔的黄花城水长城，此时，路途中的惊险与疲惫早已抛于脑后，大家感受到的只有快乐。

“沙漠掘金” 感悟取舍

今年 5 月，公司以“团队协作，不断创新”为主题组织员工培训。培训以游戏的形式开展，名字叫做“沙漠掘金”。大家参与热情高涨，我们的团队还取得了第三名的佳绩。

我们的队名是“天鹰”，口号是“超越梦想一起飞”，体现了团结协作、志在夺冠的信念。这种信念引导我们开始远行。

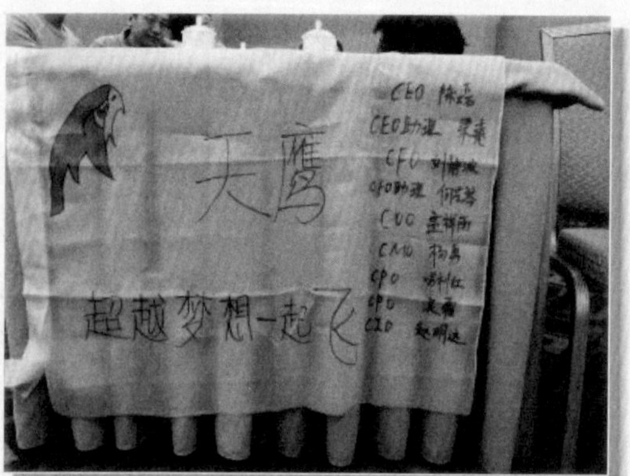

虽然只是一场模拟演练，但游戏过程中，我深刻感受到“灵魂、信息与决策、团结、取舍”对一个团队的重要性。我所理解的“灵

魂”是：一个团队要有他的愿景和灵魂人物，它是支撑我们不断前行的信念；“信息与决策”是我们航向正确与否的关键；“团结”是指遇到挫折、阻碍时，团队成员应该相互鼓励，共克难关；“取舍”是我感触最深的一点。

游戏开始，我们的团队从大本营出发，一路前行，频奏凯歌。当行至中途，队长陈磊意识到水和粮食配给有些紧张，我们准备用富余的指南针与其他的队伍进行交换。指南针购买时的价格是水和粮食的3至5倍，在其他队伍提出低价与我队交换指南针时，我们以“利益最大化”原则进行抉择，最终选择放弃交换，这一决策对后来我们的“掘金”策略起了决定性的影响。在到达掘金场并成功挖金三天后，由于配给有限，为保证安全，我们只能选择“少掘早退”，最终未能挖得更多的金子，很早就退回了大本营。回来后，我们反思，应该如何衡量事物的价格与价值？此时的价格不应该是我们取舍的关键，而是要因时、因势利导，价值才应该成为我们决策的标准。

团队经营需要权衡取舍，人生亦何尝不是如此。正所谓“失之东隅，收之桑榆”，人生短暂，我们应该懂得舍弃，学会豁达与宽容、让我们的生活更加美丽、更加快乐！

最后，在公司成立十周年之际，我预祝公司的未来更加美好。并以英国诗人丁尼生在《尤里西斯》最后段落里的诗句作为结尾，与“中数人”、“风云人”共勉。

虽然我们的力量已不如当初，
已远非昔日移天动地的雄姿，
但我们仍是我们，英雄的心，
尽管被时间消磨，被命运削弱，
我们的意志坚强如故，坚持着，
奋斗、探索、寻求，而不屈服。

25. 你是我的菜

——刘志宾

如果在一个地方久了，可谈可想的人啊事啊就会很多，这些人和事不啻为茶余饭后的谈资，更是平日生活的一部分，无法割舍。可是，多久才算久呢？没有标准。心理专家说一见钟情的人只需 8.2 秒就终生难忘恋人的模样，可这样的幸运儿毕竟是少数，遑论还是玄妙无比的爱情呢。于大众而言，频繁出现的场景人物就会形成深度记忆，而在当下，公司里的日子就是最长、最现实的电视连续剧，一场接着一场，每天直播，却无法回放。

不能否认，中数已经是我生活的一部分了！将近十年的光阴，虽然不全是青春，但也正值职场黄金年龄，若是花，那就是盛开期，含金量最高的时候，我在中数度过。

看到这，你或许会说：切，矫情！作吧你，像个娘儿们似的。可这绝对是真的，否则周边很多同事“娘儿们”都要连带着受委屈了。谁让我们对中数心怀情愫呢，忘也忘不掉，丢也丢不了。没辙啊，俗话说，日久生情，尤其是在中数这么人文的传媒公司，放眼望去，满地漫天地绽放着文艺范儿，一个个对数字电视和新媒体的憧憬之情更是无以言表。

和中数结缘是 2004 年 5 月，在世纪坛的全国媒体招聘会上。我当时从上海赶回北京，目标是一家外资传媒。中数的展台位于中心圆坛边，很显眼。最终加入公司是一年后的事，那时候，数字电视刚开始，公司在业内的地位无人能敌，大家的激情相互感染着，电视圈的有名人物也近在咫尺，众人的口号只有一个——中国的数字电视事业，我们来了！可是，在很多人以为是蓝海的时候，却遭遇到数字电视整转进度的限制，各地数字化程度参差不齐，政策不一，行业标准五花八门，多数地网人根本不了解付费电视，更别提如何运营数字电视了，老百姓更是两眼迷茫，你不叨叨个半小时他根本搞不懂电视怎么还要收费。作为中数的销售代表，最初我们很像布道者，在家时对着镜子把要讲的概念啊、产品啊、营销术语等等练得滚瓜烂熟，第二天再把客户侃晕，不管是一屋子人还是一个人，也不管是面对着广电局长主任们还是普通的业务员。除了要解释内容产品，很多地方对技术上的两级加密不了解甚至反对，我还要深入机房，和各位技术人员切磋什么 CA 啊授权啊等专业术语。有的问题不懂，就借着去洗手间向公司技术部请教，现学现用，效果还不错！

经过对市场的普及教育，地网很买中数的账。自 2005 年开始，在用户覆盖、用户数以及实际收入方面，中数连年第一。作为销售人员，我和同事们经历了销售收入的逐年攀升，躯体中的成就感像毒品一样诱惑我们更加渴望业绩和发展。而在这样的过程中，央视的品牌和公司实力发挥着决定性作用，而个人的努力更多是个催化剂。

各地省网逐步整合，用户规模大了，议价谈判能力强了，连态度也不似往日那么客气，谁让内容供应商多了呢，这几年，大大小小贩卖内容的公司成了省网的常客，都看准省网对高清节目、点播节目的需求，大力推介，卖力公关。当时心里泛起一阵阵的羡慕嫉妒恨：哼，要是我们干，哪有你们的事！就这样子一来二去，二三年的光景里，内容交易市场的主动权易主了，卖方市场变成买方市场，省网们更牛气了。

不记得是哪位大师曾说：离市场最近的人最有发言权。对于数字电视市场的波诡云谲、风雨雷电甚至行情冷暖，作为一名老中数人，自然是每日每周都感同身受，感慨不断。市场变了，用户也变了。点播时移高清 3D 已不新鲜，OTT、X－BOX、谷歌电视的 N 屏时代扑面而来，视频市场正在经历翻天覆地的巨变。我们也在变。公司的优势影响力还在，只是明显不比从前了。

2013 年元旦后一上班，老总就宣布进军 IPTV，我还是一员主力。很吃惊！很兴奋！领导魄力很大，要我们开辟另外一块战场！说实话，等这天都等了好多日子了（此处很感慨，小激动一下）！政策就是阳光啊！

一位先贤曾说，人不能走太快，否则会走丢了灵魂。走太快，会忘记为什么出发。中数十年，来路回望，步伐快过，也慢过，不管路途如何艰险，最终总是要过去了。蹚过迷茫的河，攀过欣喜的峰，我们来到了一块云光霞绕的开阔地。前路漫漫，未知很多，但我们仍然在路上。此时，耳畔飘来汪峰的哼唱：

“每当夜深人静的时候
望着那灿烂的夜空
我会感到那里充满了
太多的梦想
告诉自己生命就像一场
就像一场比赛
不争取就一定会
一定会失败
不愿再等待
我不会再失败
我不愿再等待
等待
我要赢得这场胜利……”

中数，你是我的菜。

26. 十周年征文

——刘　聪

庆 **祝公司十周年**

祝 福真切萦心田

公 信笃行谋发展

司 职专攻志气满

十 载磨砺成锋锐

年 华与共薪火传

春华秋实，岁月如梭，踏着时间的洪流，我们迈进了2013年。今年是中数传媒成立十周年，明年央视风云传播有限公司又将迎来它的十周岁生日。这十年，是一副迷人的画卷，令人醉心其中。这十年，是一首胜利的欢歌，动人心弦。这十年，在公司领导的带领下，中数人和风云人携手并肩，一步一个脚印，一年一个台阶，用汗水铺就了一条持续发展之路。

2004年5月，我走进了央视风云，从迈进1027的那一刻起，这一呆，就是十年。最初建立的风云公司，节目集成部设立在1027，偌大的办公室里，只有不超过10个人。没有现成的编播平台，一切都靠大家亲力亲为，就连最初的节目单精编表，都要靠人力手工计算，精确至秒。为了完成开播前夕的准备工作，编排方案一改再改，手机24小时开机待命，加班至深夜2点是家常便饭。为了完成节目储备和宣传需要，制作部里彻夜灯火通明的机房更是人满为患。

萌芽伊始的付费电视是最最新鲜的电视血液。刚起步的风云剧场，则见证了这一新生事物的蓬勃发展。“风云剧场”作为当时唯一一个不含任何广告的专业电视剧频道，定位突出。不久就从众多播放电视剧的频道中脱颖而出，吸引了大批海外供片商的眼光。于是《老友记》、《大长今》、《CSI》、《ER》等等一系列优秀的电视剧作品也源源不断地进入了我们的视线。《风云剧场》在拓宽自身业务视野的同时，也不断地完善频道定位。从起初的“日韩风潮”到后来的“欧美剧场”，从“欧美剧场”到“亚洲剧风”，风云剧场在结合市场的基础上，不断地总结、吸收、调整，最终打造出现在的“海外剧风”，放眼全球，优选好戏，先睹为快。

我庆幸，能在《风云剧场》频道，见证付费频道兴起之路。我更庆幸的是，能在央视风云这个大家庭里，度过我的青春年华。这里是公司，但胜似公司。是工作，但胜于工作。这里的领导和同事，都给了我无尽的关心。公司对员工的学习和生活也给予了很多的关注。游泳卡、图书卡、羽毛球比赛、纸牌大赛、排球比赛等等文体活动数不胜数；春游、拓展训练、年会表演，更给了广大员工锻炼与展示自己的舞台。在汶川地震、职工互助以及各类捐款中，领导和同事一起慷慨解囊，无私地奉献爱心。在本公司员工面临危难之际，领导和同事们一次又一次伸出援手，让我看到了这个大家庭里的拳拳爱心。

其实，公司会议室里那些金光闪闪的奖牌和奖杯足以说明一切。其实，华丽的文字与连篇的辞藻也显得不再重要。我宁愿以朴实的语言来宣泄自己内心涌动的情感。

雄关漫道真如铁，而今迈步从头越。回首过去，我们曾是付费电视历史的奠基人，公司的昨天因我们而步履坚实；面对现在，我们又是辛勤的耕耘者，公司的今天因我们的精彩而延续；展望未来，我们更是希望的创造者，公司的明天将会更加灿烂辉煌！

27. 点点滴滴都是快乐

——宋　军

光阴似箭，一转眼八年过去了。今天，我静静地坐在电脑前，为这八年的时间留下自己的感悟。

2005 年，我来到了中数传媒，在这八年时间里，我见证了中国数字付费电视发展所经历的风风雨雨，与不断壮大的中数传媒共同成长。回顾这八年的经历，要记住的、要说的事情实在太多了，下面几桩事情给我留下的印象最深刻，也记录了我个人的成长过程。

1. 中国数字付费电视第一次收视费分账

2005 年，我刚到中数传媒就碰上了一个历史性事件——中国数字付费电视第一次分账。记得那是三四月份的一天，包括游戏竞技、靓妆等老 6 家地方频道的总监来到公司，参加中数平台每年一次的年会。这也是我第一次见到当时所有的地方频道同仁。在会上，孙玉胜总经理突然宣布：今天我们要分账了！咱们的频道终于卖出去了！会场一下子沸腾了，大家的眼睛里充满了惊喜和期待。虽然每个频道只分到 4000 元左右，但是，大家并不在乎这个小小的数目，纷纷互相握手、拥抱庆祝这个标志着付费频道获得市场认可的历史时刻。大会最后，各频道总监还互相交换了带来的小礼物，就像一群成年人开了一个中学生式的聚会。

2. 巨大的工作压力给我留下深刻印象

到公司后，我就负责频道集成工作，当时的任务目标是，必须做中国第一大集成平台，快速扩大公司收入规模。那些年，做第一大集成平台绝非易事。一开始我就遇到了两个非常棘手的问题：一是其他平台都是零上台费，而中数平台却要坚持收取每年 118 万元的上台费；二是中数平台没有自己的有线网，无法在北京和上海两大重镇落地播出。而这两个问题恰恰也是各付费频道寻求平台合作时最优先考虑的问题，这使得其他平台占据了天然的优势。为了吸引新开办的付费频道上台，我们想尽了各种办法，制订了各种谈判预案，频繁出差、全天候奔波，磨破嘴皮子开展说服和谈判工作。关键时刻，孙玉胜总经理还亲自带队出差与各电视台谈判，其间，我见识到了孙总过人的酒量。

2005 年的中数传媒发展极为迅速，其变化之快可以用天来衡量。6 月，我只身前往河南，洽谈梨园频道合作，河南电视台主管副台长亲自出马谈判，提出了一系列尖锐的问题和苛刻的条件，谈判的气氛很紧张。回到酒店，我躺在床上，看着天花板，快速梳理着谈判内容，琢磨着解决办法。我内心非常清楚，要做第一平台，就必须拿下每一个新开办的付费频道，我的任务只能成功，不能失败。如果拿不下梨园频道，我做好了立即辞职的准备。经过多天多轮艰苦的拉锯式谈判，河南台终于签署了合作协议。

2005 年至 2007 年，中数传媒集成的频道迅速由 14 个增长到 35 个，始终保持着第一大集成平台的地位。

3. 汽车的故事

2005 年下半年，某频道正式集成到我平台。第一年一切顺利，但第二年该频道碰到了严重的资金问题。在支付第二年度 118 万元集成传输费时，对方迟迟未履行付款义务。经过多次催要，我们发现对方确实处在资金链中断的状态中，运营十分艰难。不久，我接到该频道发来的一份传真，传真中提到他们有一辆价值十几万的汽车，可以送给中数传媒抵扣一部分欠款。看到这份让人哭笑不得的传真，我和同事们切身体会到频道发展之艰难。通过双方共同努力，我们终于在第二个协议期到期前结清了该频道的欠款。但是，迫于资金压力，该频道没有与我公司签署第三个合作协议，转到了不收上台费的平台，这是中数传媒成立以来第一个换平台的频道。

4. 拍桌子风波

2008 年前，中数平台的频道一直无法落地北京和上海，几乎所有频道对我公司都产生不满情绪，再加上我平台是唯一一个收取高额上台费的平台，平台与频道间的矛盾越来越深。当时，平台维稳工作变成了频道集成部门的核心工作之一。记得在 2007 年年初，一个频道副总监来访，气势汹汹地面对面质问：为什么不能落地北京、上海？为什么收取那么高的费用？为什么只分这么点钱？为什么不提供任何数据？中数传媒欺骗了频道，徒有其名。与他们的座谈慢慢变为争论，双方的说话声音越来越大，最终谁也没说服谁，不欢而散。几天后，我接到领导的电话，那个频道副总监告了我的状，说我对他态度极差，还拍桌子。针对拍桌子这事儿，我回忆了好几天也没想起来，只能解释为那是情绪激动时的下意识动作。为了平息这次争论引发的不良后果，我主动给那个副总监和他的领导打了电话，检讨自己态度不好的错误，希望他们多多包涵与原谅，不要影响双方合作。事后，我了解到，当时的总经理沈向军还亲自打电话给对方表示了歉意。从这件事情上，我得到了很多启发，学会控制情绪对一个人的成长是极为重要的。

5. 厕所是我的“偶像”

这里的“偶像”指的是呕吐的对象。来公司这么多年，出差成了家常便饭，而每次出差都少不了喝酒。中国的喝酒文化让我深恶痛绝，但又无可奈何。每次出差我心理压力最大的不是谈工作，而是喝酒。我的酒量极小，所以每次吃饭喝酒一定会面红耳赤、头晕脑涨。为了不在大家面前出丑，每每喝多了，我就跑去厕所呕吐，吐不出来就扣嗓子眼。八年来，我练就了想吐就吐的好功夫，曾经呕吐过的城市包括：北京、沈阳、长春、南京、杭州、郑州、太原、青岛、潍坊、济南、武汉、长沙、重庆、厦门、贵州、昆明、广州、深圳。

6. 一个充满爱的大家庭

2012 年 5 月，我中心员工徐守锋突患白血病，这个消息着实让我感到震惊。工作 20 年来，我还是第一次碰到这种情况，而且事发如此突然，情况如此紧急。接下来发生的事情却让我感觉到了大家庭的温暖和集体的力量。得知徐守峰患病的消息，刘保平总经理极为重视，立即召开紧急会议，调动各种资源配合徐守峰入院治疗，并详细部署了各项后续工作。在公司领导的关怀和全力协调下，徐守峰第一时间住进了人民医院，为病情治疗争取了极为宝贵的时间。徐守峰患病当天，刘桂文副总经理（桂总）还代表公司领导前往医院看望他，在询问病情的同时，桂总不断鼓励徐守锋要坚强起来战胜病魔，并安慰他有公司在任何问题都会得到解决。桂总的一席话，让我们周围的人感到了集体的温暖和克服困难的希望。在徐守锋入院治疗的过程中，血源极为紧张，我公司先后有多名员工自愿为其献血，一袋袋救命的鲜血为病情的缓解和治疗起到了至关重要的作用，其场面之感人给我留下了深刻印象。为了让徐守锋早日康复，公司内部从公司领导到基层员工还为其进行了捐款，并第一时间把捐款送到他的家人手中。面对这一切，徐守锋及其家属表示了深深的谢意，特地给公司送来了一面锦旗以表感激之情。2013 年 5 月，在中数传媒成立第十个年头，徐守锋终于完全康复出院，回到了我们这个大集体。相信他会永远记住那些日子，更加热爱这个温暖的大家庭，更加努力地为这个集体做出奉献。

7. 快乐工作的企业文化

2010 年 7 月，刘保平总经理一上任就提出了“快乐工作”的理念，进而形成了中数传媒的企业文化。工作这么多年，我从未认真思考过如何快乐工作这个问题，也从来没有把快乐与工作联系起来。三年来，我对快乐工作有了深刻的理解和领悟。其实，快乐与工作并不是一对矛盾，也不是一个多么难以达到的境界。快乐工作是一个自我价值实现的过程，每一个热爱本职工作的人都可以从工作中体会到快乐。对于一个职场人来说，企业就是你实现自我价值的桥梁，市场就是你实现自我价值的沃土，工作是实现自我价值的途径。一个人在工作中的快乐程度就是你实现自我价值的程度。真正的快乐从来不是别人赏赐的，而是自己去争取的。在职场上，我们应该带着热情的态度去工作，永远保持一种积极心态，树立成功的信心，勇于创新，专注每一个细节，努力使工作更趋完美。

随着年龄的增长，我越来越深地体会到，我们每天所做的不是一份简简单单的工作，而是一份应尽的责任，是实现每一个人梦想、获得幸福与快乐的过程。

十年的风雨征程，十年的血火洗礼，十年的理念坚守，十年的创新求变。十年时间，中国付费电视市场造就了一个成功的企业，也造就了一支奋发向上、充满激情的团队。我在这支团队里经受了锻炼和洗礼，经过无数的艰辛与考验，始终与这个集体共同成长。2013 年是中数传媒成立十周年，在这里，我要感谢公司领导的关怀和指导，感谢同事们的支持和帮助。面向未来，我将怀着感恩之心、深爱之心，继续为公司的发展壮大做出贡献。

预祝中数传媒明天更辉煌。

28. 我要写的是散文

——孙延卿

"咔嚓"，一张大头像，这是最近大家每天上班的第一件事——打卡。如果这种打卡机能在我入职的时候就使用，估计我会有1500多张大头像，把这些照片做成一个视频小短片，就可以了解我是怎样从一个清秀小生变成邻家叔叔的。

我，孙延卿，25岁入职，今年33岁；入职岗位市场部策划专员，现岗位频道销售中心经理；入职身高170厘米、体重69公斤，现身高170厘米、体重80公斤，身高没有同体重一起进步，唉；入职时无房无车未婚男青年、骑车上下班、每月交750元房租，现有房有车孩儿他爹，挤地铁上下班、每月收3000元房租……

八年了，感谢我的家人、感谢CCTV、感谢CDM，对了，还要感谢《绝对挑战》。虽然生活、工作仍有些许的不如意，但当初的目标一个个都实现了，说明自己八年中过得还算踏实。我25岁时的目标无非是一些现实得不能再现实的物质条件，这和那些精英同期的理想是有云泥之别的，还好，我很早知道自己就是芸芸众生中的一个，所以也没有鸿鹄之志，想的就是踏踏实实过日子，没事逗点小闷子。

我把公司当成家。这不是大集体时代宣扬的"主人翁"精神，也不是"数字先锋"的获奖感言，而是我对公司的依赖越来越大。物质方面，我要是上班，公司真的给我钱，虽然有多有少；精神方面，我要是上班，我在公司精神比在家放松，张莹对我的要求比我老婆低得多（张莹副主任是我的直接领导，自认为工作上，她对我很放心）。

实话实说，八年中也想过离开，也有过多次机会，但我还是留下来了，终其原因就是对公司的依赖。最近一年多，我负责公司的数据工作，量化地描述一下这种状态就是：25 岁时年薪 15 万就能让我走，33 岁时岁年薪 30 万我会认真地考虑。不过，最近几年，通货膨胀确实有点严重。

25 岁时数字电视是我的工作，33 岁时工作已经成为习惯。无论在电视、广播，还是在网络、微博，只要与数字电视有关的，或者与广电有关的消息，我都要认真地看看，有时，也充个专家发表几句不着边际的评论。无论出差，还是旅游，进酒店房间，我都要打开电视，看看有哪些频道，只要发现咱们的频道，都会有一些无以名状的小兴奋。如果房间里有机顶盒，我肯定会把它的 CA 卡抽出来看看，老婆总在这时耐心地教育我，“弄坏了要赔钱的”。

我在市场部 3 年，在销售部 5 年，做过 8 年的部门预算，4 年的中心周报、月报，季诊，3 年多的促销，负责了 1 年半的数据，写过行业、公司、产品、市场、战略等方面的文章近百篇，做过大小 20 余次地网培训，参加过 10 余次展会，组织过公司 5 次对外会议，参与了 1 本书的写作。对了，还主持过一次公司年会，敢在 300 电视从业人员面前展示我的普通话，我还是很佩服自己的勇气。

写上面那段话，不是要“显摆”自己对公司的贡献，而是要为我下面这些话做一些支撑，说明我多少有些从业经验，但确实也很鲁莽。

2003 年到 2013 年，公司发展十年，前五年公司在市场竞争中处于领先，第一家平台、集成 4 家 CA、双 CA 传输、四加一实现落地、第一家实现销售额千万的集成平台、第一套高清频道开播……那时候，我们确实可以自豪地说，“一直被模仿”。从 2008 年开始，行业重心转向高清频道、互动点播，同时，IPTV、互联网电视快速发展，从数据上显示行业收入快速增长，而我们主营业务收入增长却在放缓（此处本想放一张折线图，但一想我要写的是散文就放弃了）。其原因显然是没有跟上市场需求的变化，没有抓住市场机会。这一期间，华数、天华等公司快速发展壮大，以前跟在我们身后的竞争对手都跑在了我们前面。如今我们不得不说“已经被超越”。

没关系，我们参加的不是百米比赛，终点还很远，但脚步一定要加快。尽快实现标清转高清格式播出，现在市场上充斥着大量 NVOD 频道，一旦广电总局清理，市场会产生大量对高清直播频道的需求，这会成为我们的一大机遇。继续推进 IPTV 渠道的渗透，打破面对地网公司的被动局面。我们进入 VOD 市场已晚，“逆袭”的机会渺茫，并且广电网络 VOD 无法与互联网的相比，好比机顶盒的股票信息、广播等业务，看似美好，但对用户缺少吸引力，不太具备收费的条件。如果想进入互联网电视（OTT 机顶盒、智能电视），目前的直播频道对网络用户产生不了吸引力，更缺少付费理由。但如果能获取到高品质的体育直播资源，则大有可为，例如 PPTV 的体育直播。传输技术日新月异，收看方式五花八门，但无论怎样，还是内容为王。

我本想放松下来写一篇轻松、诙谐的散文，表达一下我对公司的深情厚谊，但受常年撰写报告、请示的影响，行文到最后又不自觉地回归到分析报告的风格。没办法，市场竞争不是风花雪月，而是弱肉强食，还是紧张一点好。

29. 风　云　赋

——孙　霆

风者，天地之气也，融四时之灵，汇八方之趣，溥然而至，传于天下。钟山数重，得京口之早绿；瓜州古渡，散飞雪之俨然。或行于阴山牧马，濯秦时之明月；或潜于枫桥夜泊，临客船之晚钟。或飘举浮沉，凌于高城；或婉转缠绵，跻于帷幄。山之阿，水之畔，名郛俊邑，氓村陋巷，无不得风之传。于是贤人高士，名得以动天下；礼乐教化，政得以通万国。

云者，天地之精也，兴于山水，流于人间，兼容并蓄，变化古今。云之变，在其容，藏雷霆，隐霜电，驱旱魃而沛泽，逢羲和见霁雯；云之变，在其广，涓然如水，桃源深处有家，汤汤似海，瀛洲方外仙踪，沧海桑田之变，不过云起云收之间；云之变，在其奇，或如佼人簪花，丽影娉婷，或如丈夫跃马，挥戈反日，或妩媚，或雄浑，或静谧，或跌宕，兼有海市蜃景，更夺天地造化之妙。

云从龙，风从虎，圣人作而万物睹。嗟乎！风者自可以扬，云者自可以流，终为流散之数。若风云扶摇，风假云形而显，云借风力而腾，精气交汇，刚柔相济，神自至也，势必风起云涌，不可量哉。风云兴，四海腾，宇宙啸咤，乾坤声隆。昔太公垂钓于渭水，武侯躬耕于南阳，皆英雄耐在时势。于今风云际会，黄池待夺，吾辈生正逢时，当借风之传，得云之变，戮力同心，大业可图矣！

30. 我的数字电视行业的选择

——唐铭铸

十年，弹指一挥间。面对题目，记忆被拉回，回忆起十年间的点点滴滴，依然清晰如昨。

或许每个年轻人面对未来都有非理性的人生或职业长期规划，面对不可预知的未来，总会萌生出“虽千万人，吾往矣”“少年含笔看吴钩”的万丈豪情，步步为营的细节实施早已抛之脑后。就是在这样懵懵懂懂却又满怀憧憬的热血上涌中，原本石油炼制专业出身的我，按部就班可能成为中石化的技术管理人员的职业轨迹发生了改变，在新世纪之初，一头闯入了数字电视这个新兴行业。

其时，我正在清华大学旗下一家专业从事数字电视新技术开发的公司，做着年轻人喜欢的新鲜工作。新的产业、朝气蓬勃的年轻团队、新的项目，每天都是变化的，一切都在前进，不停学习和消化新知识成为每天最好的习惯。

2002 年，公司承接了 CCTV5 SI 交互系统、CCTV 3568 数字频道播出平台建设、中央数字电视付费节目平台的建设等系统集成项目。作为具体技术实施人员之一的我，每天游走于台里的方楼、业务楼、卫星电视传播中心之间。不夸张的一段记忆描述是：我看完了 2002 年韩日世界杯的每一场比赛！从每日的中午 12 点到晚上 12 点，包括重播比赛，因为每一场比赛的安全播出都需要技术保障。熬夜工作是必然的，因为只有夜深停播后才能调试设备参数，更新修改软件系统。深夜如何从方楼的主控机房把硬件设备拆下搬到业务楼调试而不须出门

（因为出门需要开出门条）的路线已然烂熟于心，闭着眼都能摸过去。

2002年下半年，辗转腾挪，我来到了京门大厦，按照台里的规划，投入到参与建设中央数字电视付费平台项目中。从毛坯的房间开始建设机房，研究各类图纸，装修，地面，电源，消防，空调，机柜，线槽，布线，设备进入，加电调试，信号进入，码流分析，信号加密，软件调试。每一个流程都需要精耕细作，每一个环节都不允许失败。几百个日日夜夜的积累，与国内外各类厂家打交道，不断进行设备的联调测试，软件的修改和更新，无数次的失败和成功，个中滋味，实难用笔墨形容。从无到有，从“0”到“1”质的变化，如创世纪，无形的混沌和黑暗中，上帝说，“要有光”，于是有了光，非参与其中过程者完全体会不到其中的美妙。

中数传媒付费节目平台成立后，数字电视行业发展如火如荼，短期内即把付费频道信号覆盖到全国范围，占据了中国付费节目市场的半壁江山。2006年，德国世界杯全面转播高清信号，为了把高清频道落地全国，我们带着设备，足迹遍及了大江南北，长城内外，白山黑水和东海之滨。在佛山，我与销售部门同事杨镥一同赶时间落地信号，调试设备到凌晨三点，修改码流中的PSI/SI规范中的描述符，排除万难，最终成功解决了问题，两人兴奋得击掌相庆。在电视台门口的小饭馆吃早饭时，杨镥戏言：“这真是战斗的青春。”的确，年轻的我们心无旁骛，把全身心都投入了中国的付费数字电视行业。

回想起来，十年前的2002年到2003年之于我，是极其充实的一年，没有虚度的一段时光。可以没有任何一个休息日，可以连续数日熬夜，只为了一个阶段性的成功后的满足和自我实现感。从朦胧的相信我一定要做到、做成、做好到清楚地认识“成功不必在我，但功力必不唐捐”，从仰望星空到脚踏实地的心路历程变化以及衍生出的关于未来的职业生涯选择和规划也由虚入实，完成了一个螺旋式上升过程。

也许正是由于上述原因，我选择了中数传媒——这个自己曾经倾注了无数心血和时间及感情的平台。每当路过9层机房时，我会想起当年那个热血沸腾干劲十足的自己，会想起自己曾经的选择，那个年轻的形象时时提醒我：擦亮自己，勿忘初心，“一个人只能全力以赴，等待命运揭晓”。

31. 十　年

——王向群

狄更斯在《双城记》中有一句话：这是最好的时代，这也是最坏的时代。这句话就像是我这十年间的写照——这是最精彩的十年，但也是最艰涩的十年。

十年，说长不长，说短不短。十年可以让皱纹爬上额头、尘事布满心头；十年可以让我从一名记者和纪录人转变为数字电视的开拓者、弄潮儿；十年也把一个曾经落拓不羁桀骜不驯的浪子，打磨成了在艺术理想、现实困境和体制规矩间迂回曲折、寻求平衡落点的影视经营管理者。

回想十年伊始，2004 年 8 月 7 日，身挎宽大的 T 恤和裤衩，登着个高帮靴子，脖子腕子上挂满了链子，我，就是以这么个形象走进了央视风云。那时无论如何也不会想到，这一来，就是十年，再也没有离开过。

那时可真叫一个一穷二白，俩眼一抹黑。领导只给我两个月的时间筹备《CCTV 戏曲》频道和《CCTV 娱乐》频道，时间太紧任务太重，当时我们只有两个人，连个电脑都没有，更不用说办公室了。可幸运的是，那时的我怀揣着一身从《东方时空》带来的创作理念，还有踌躇满志的激情和对影视梦想的追求。没有条件？没有条件那才叫创造！那些日子，周围的地下室、咖啡厅、快餐店，到处都留下我们为了频道的设想和搭建而绞尽脑汁、激烈论证的声音和身影。就是那样一路摸索着，蹒跚跌撞，风云第一批数字电视频道新鲜出炉了。

相比之下，如今的工作条件已经有了太大的改观，唯其如此，更令我常常感怀那些初创的日子，那时你只问耕耘不问回报，肯把每一滴汗水和心血都洒在这片热土的年代。我的导师陈虻曾经对我们说："不要因为走得太远，而忘了当初为什么出发。"—— 我没忘。一路走来，对所有的付出和获得的过程我都会感激涕零，因为那是我们能走到今天的见证，能成就现在这一切的基础，也是未来我们还能走多远的原动力。

所以，作为每一年央视风云年会宣传片的总导演，我会比别人更深更细地体会、观察到公司的点滴变化，并力图把它们体现在片子里。如果把这些年来所有的宣传片编排到一起，应该就是公司最好的一本影像日记，而我则有幸成为这本日记的起草撰写者。每年宣传片的最后部分，我无一例外都会加上每一个员工面对镜头的笑脸——十年间，人来人往，潮起潮落，对每一个曾经倾力奉献过的"风云人"，我都心存谢意和敬意，他们灿烂地微笑，定格，祝福着风云的未来。

时间就像是一场风，可以为你吹走终日笼罩的雾霾，亮出一片澄蓝的天；但也可能吹来遮天蔽日的沙暴，瞬间蒙昧了双目，令你举步维艰、方向混沌。因此十年来，虽然我为自己亲手搭建起来的数字电视频道感到骄傲，但又会常常忧患难寐，不敢稍有自满。因为深知，处在电视传媒业前仆后继大浪淘沙的今天，我们的根基需要更加稳健，我们的步伐不能稍有懈怠，我们面临的挑战依然如十年前一样艰巨。

可以说，这十年，也是我终于有了一点自己的时间可以潜下心来读书思考，却也感到很多困惑的十年。我们的国家在各个方面无可争议地吸引着世界的眼球，我们的社会在四面八方里寻找着安全感和归宿感，我们的大众在越来越多思考追问着一个问题"你幸福吗?"对于什么是真实，什么是自我，什么是自由，如何面对这个嘈杂纷纭日新月异的世界有一套自己明辨是非、懂得取舍的思想体系。这一个十年，我似乎有了一点属于自己的心得和体会，希望在今后的岁月和事业中，能够真正做到如林怀民所说："希望我们能够在这些芜乱的问题与坎坷的现实之间，以清明的眼光，冷静的头脑，脚踏实地的维系着共同理想的不坠。"

与数字电视结缘的这十年，更是我个人成长、蜕变、痛并快乐着、不断获得且深深遗憾着的十年。这十年，我参加了《感动中国》的每一期创作，在用真挚的情感和声音对每一个普通人表达尊重和敬意的同时，我的灵魂也得到了一次次荡涤和启发，对于生活和生命在通俗平实画卷中展示出来的宽广深沉，对于人性在爱恨取舍间可以达到的美好和高度有了前所未有的认识。我希望自己能够在那些美好瞬间、人生图景中迸发出的积极正面的能量中，不断自省、修正，完善对自我的突破。

前些日子，为了庆祝《东方时空》开播20年，曾经的同事汇聚一堂，尽诉衷肠。对于那段曾经到处颠簸，通宵达旦，在激情中构想，在禁忌中创作，在不留情面的审片和凝结着心血的作品随时被毙的痛苦中暴走的日子，我们都曾或多或少有过怀疑，有过纠结，有过精疲力竭时光虚度的彷徨。可是，20年过去，再回首，那些狂思妄想，那些扭曲挣扎，那些积淀和领悟，无一不成为日后生命和思想得以成长壮大的养分；再回首，方才了然，那些日子和那些日日夜夜裹挟而来的所有经历和体验，才是人生求之都不可得的琼浆玉露、无价礼赠。

所以同样，对于风云和我们所从事的事业，别说十年，下一个十年、20年，理想在，激情就在，对艺术对完美的追求会永远不怠！

谨此纪念，我与风云互为相伴、互为见证的——十年。

32. 成长的泪水　幸福的泪水

——武熳熳

【楔子】真的要掰掰手指，好好算一下。从 2004 年 5 月踏入央视风云开始，我换了 3 个部门，搬了 6 次“家”，最后到了中数传媒。刚刚大学毕业的我，迈入社会的第一步与付费电视结了缘，谁曾想，一晃九年就这样过去了。以此文，致我们终将逝去的青春，致我们与中数和风云一起成长的日子。

我从小爱哭，经常流着眼泪伏在爷爷的背上，去公车站找已经坐车上班的妈妈，爷爷笑话我说丢人。考大学那年，所谓锻炼自己，选择上外地院校，可每次开学离家时总是要哭鼻子，爷爷又笑话我说丢人。我认真地问过，这么爱哭是不是真的很丢人，爷爷说：“不丢人，想哭就哭，人老了就没有眼泪了。你要记住每次流的泪。”对人老了就没有眼泪了这个问题半信半疑，但我却真的记住了每一次的眼泪，尤其这几年，在工作生活中成长的眼泪。

（一）

2004 年 5 月，作为央视风云编播部的一名排播编辑，我干的是节目编排的“技术活”，负责 8 月 9 日公司第一批开播的 6 个频道中 3 个频道的精编排。开播前两日，为保障开播，连日加班加点早已疲惫不堪时，我妈妈突发心脏病入院手术，惊慌失措地跑到医院等在手术室外，低头看到手机里领导和同事们纷纷发来的短信，关切之情溢于言表，我流下了感动的泪水。

开播仪式后，是公司和医院两头跑的日子。年轻浮躁的我没能顶住压力，终于还是出了一个编排错误，致使央视风云下了第一张更改单。领导安慰我说没事，但我流下了自责的泪水。日后两年的排播工作，我虽然和历任排播编辑一样都有“播出线来电恐惧症”，但再没有出现过一个错误。

现在，回想在编播部的日子，责任重大，简单充实，就是我们几个女生一起哭一起笑的青春岁月。

（二）

2005 年 7 月，央视风云尝试与台本部合作经营的模式，首先与台二套特别节目组联合制作当年的“CCTV 模特电视大赛”，我被派到剧组负责外宣工作。那年夏天特别晒，我每天都要在京门大厦和剧组驻地的梅地亚中心往返 3 次，每周要奔波于报社和网站等各家媒体。100 多名选手分赛区的视频资料剪辑，是我熬了几个通宵，用对编机完成的。外宣工作最难的是写作，从没写过新闻稿的我，一上来就被分赛区简报、赛前特刊和媒体特约稿件上需要码的几千字吓傻了，起初，被制片人退稿是家常便饭。公司与台里的合作模式尚在磨合阶段，因为利益纠纷，承受剧组工作人员的各种“无名火”让我备受煎熬。我流过委屈的泪水，哭完之后，还是要努力写稿和继续奔波。

三个月的剧组生活，与大家同吃同住，一连 7 天的比赛直播任务，真正让我体会到了电视人的艰辛。庆功宴上，真想和制片人张利娜老师说两句心里话，可实际上，我们什么都没有说，只是互相拥抱。我理解她带领剧组披荆斩棘所面临的各方压力，尤其是收视压力，同时她也看到我的付出并对我一再肯定。这次，是收获后喜悦的眼泪和分别时不舍得的眼泪。模特大赛剧组的历练，是我工作中成长的痕迹。

（三）

正是因为模特大赛，我没有再回到编播岗位，而有了新的工作。2006 年，当同事们在孜孜不倦“创意新电视”的时候，我开始“不务正业”地当起了经纪人。曾经怀疑过自己的工作方向，但领导说探索公司业务新增长点，只要能够增加收入的项目，我们都要尝试。

既然决定做，就要专业，为此，我还专门考取了经纪人资格证。这就专业了吗？其实不然。娱乐圈讲究的是团队。哪个艺人的身边不是一个完整团队簇拥而来，而我公司的风云组合 6 个艺人的身边永远只有我和完成音乐频道工作才能赶来的郭强老师。没有专业的配备，只能更加倍的进取。在期盼招聘助理，但最终还是只有我一个光杆经纪人的日子里，我兼职了从企划宣传到生活助理，从服化造型到司机保镖的所有岗位。三年间，我带队跑遍全国各地的大小演出，飞机倒火车，火车倒汽车，最无奈航空公司的延误，最害怕危险驾驶的司机，最荒唐就是艺人走失。三年间，风云组合参加了上百个节目的录制，从音乐综艺节目到影视舞蹈节目，甚至还有少儿、法制节目，我就打了上万个电话联系业务和敲定行程。三年间，遇过耍大牌的艺人、欺负人的导演、坑蒙拐骗的演出商，还有形形色色的狗仔队、神经病和黑社会。当然，也遇到很多好人，我也交到了朋友。三年间，更流过很多泪水。艺人比赛失利，我哭过；他们表演失误，我哭过；节目录制成功了，我也哭过。被导演骂哭过，和领导吵架哭过，被艺人气哭过，被工作累哭过，甚至被节目感动哭过。我渐渐学会隐忍，一个人默默拭泪，绝不在艺人和家人面前哭泣，让他们担心。

我一直很纳闷，公司里那么多人才，为何这种外联工作会选上我这个胆怯、不善表达的人。三年后，我改变了很多，最重要的是，变得坚强和勇敢，没有怨念反而要感谢郭强老师给我的这个机会。曾被很多同事羡慕的经纪人生活，不仅给我的生活增加了志同道合的朋友、亲如手足的兄弟，更是我职场生涯最不可磨灭的记忆。

（四）

2008年，风云组合由合作的唱片公司统一管理，处于新专辑的闭关筹备期，我休完一拖再拖的婚假，开始投入到部门创收任务中。那段时期，公司业务出现瓶颈，任务难以完成，领导动员不分部门、不分职位的全员上阵，没有条件创造条件也要创收。

当时的娱乐事业发展部，负责《风云音乐》和《女性时尚》两个频道，除了领导，清一水娇滴滴的娘子军，是创收大户，创收任务额1000多万。我年龄长同事们几岁，在部门双语高才生果断跳槽后，我也开始认真思考自己的职业规划，准备另谋出路了。原因很简单，这样的团队去创收，简直溃不成军。

部门第一个活动是韩国偶像组合Wonder Girls北京歌友会，需要有举办大型集体活动的实力，有协调媒体的公关经验，有电视节目制作能力，最后要有保证我公司与合作公司共同利益的商务合作策略。只有十几个工作人员，而且都是只做过编排掐点的节目编导，没有任何活动策划经验。但我们需要面对的有百余名歌迷、50多家媒体、众多合作公司和众多领导，两周的准备时间，还要保证部门正常工作和两个频道的安全播出。我们做到了，而且做得很出色！至于活动情况，公司一定有完整的记录。我记忆最深刻的是，为了保证专业形象，当时我建议学习公关公司的经验，工作人员一律着职业正装，这可害惨了包括我在内的所有女生。当活动结束，我们一个个甩掉高跟鞋跌坐在地上的时候，没有成就感，只有全身的疲惫、酸疼的双腿、呆滞的表情和一个个连续熬夜发黄的小脸儿。但当时，我看向她们时觉得特别温暖，终于有人同甘共苦，一起受累一起挨饿，我找到团队了，有力量了，也打消了离开的念头。据说，那天累哭的姑娘有好几个，有的一边哭一边骂人，她们都很可爱。

我们的“菜鸟”团队，两年承接了3个大型活动，规模一次胜过一次，从小剧场到体育馆。我离开部门后，《风云音乐》频道更是把节目做到了鸟巢。这确实值得骄傲。

2010 年春节刚过，因为我大学期间就读法律专业，一纸人事命令把我划归到了刚刚组建的中数传媒法务部。与同事们道别时充满感伤，她们哭了，我完全被感染的也哭了，一边哭一边打趣道："我又不是被开除，我就是搬到 9 层去。"她们确实都是可爱的人。

娱乐事业发展部，虽然部门已经取消了，但有一群永远携手的同事，是一段值得回味的日子。

（五）

现在有点儿相信，人老了真的没有眼泪了，起码 30 岁以后的我，眼泪少了好多。

到中数法务部，终于开始了办公室朝九晚五的工作，这是我入公司以来少有的不用加班加点的安逸日子，居然有些不适应。2011 年起，由于同事的支持和领导的信任，我开始负责两个公司的法务工作。熟悉业务、流程调整、人员更新，才知道公司行政职能口的工作也并不会轻松。帮领导分担是我们的责任，领导不经意的一句"你们就不能让我省心"，也常常会让我自责很久。工作的挑战还在于，要学会与其他部门沟通，要进行自身的部门建设。我的 3 个同事都很年轻，中数法务工作是他们大学毕业后的第一份工作，他们就像当年刚入职时倔强而青涩的我。他们在工作中起过矛盾，出过错误，我也发过脾气，不留情面地责备过，也知道他们有人偷偷地抹了眼泪。作为领导，帮助他们成长是我的责任，就像我被领导和老师帮助过一样，希望我们共事的这段日子能给他们打下好的基础，对他们的职业生涯有所帮助。他们 3 人每每望向我的诚恳眼神，更加坚定了我的信念。他们更是我现在最可爱的人。

来中数后也有眼泪，但却是感动的泪水。就像 2012 年年会，几个部门合唱歌曲《相亲相爱一家人》，为了配合节目演出，办公室的邵敏做了一个充满员工温馨亲情的 PPT。第一次和邵敏挤在电脑前，当看到 PPT 里同事与家人在一起时每个幸福洋溢的笑脸，深深地打动了我，眼泪已经开始在眼眶里打转，我嘴里一直在不停地碎碎念“这也太煽情了吧，不行了，我要哭了，我要哭了”。我知道，年会那天，爱中数爱风云的人，都被感动了。

写到结尾，我想到了已经离职的几个同事，中数和风云十年了，相信他们的回忆和我一样感动，因为他们也和我一样奉献过，爱过。在中数的日子继续着。年会节目的结尾，我们齐声喊出了“快乐工作，幸福生活”的口号，下一个十年再往前翻看，希望都是幸福的泪水。

33. 1028

——王志刚

1028是一个重要的数字。

K1028是兰州到青岛的火车，乘客从兰州上车时都是灰头土脸的，在青岛下车的时候，无不精神焕发，眉清目秀，这就是成语“青出于蓝而胜于蓝”的出处。

CA1028是衡水飞冰岛的航班，乘客从衡水登机时都是背心短裤，在冰岛落地的时候，必须皮裤套棉裤，这就是成语“冰出于水而寒于水”的出处。

公元1028年也是一个重要的年份，这一年萧远山出生，父亲在他的胸口刺了一个榔头。很多年后，他的儿子萧峰成为辽国南院大王。

10月28日也是一个重要的日子，除了是我的偶像陈省身、我的榜样比尔盖茨和我的最爱仓木麻衣的生日外，还是我最关心的“男性健康日”。

以上这些虽然重要，但都是凑字数的，不是我要说的重点。我要说的重点是，1028，那是一个地名。是我工作的中数和风云公司使用率最高的会议室。

“5·12”大地震发生的时候，我正在1028开会。当时感觉一切都突然晃动了一下，看看周围的同事，都很平静，领导也在继续讲话。我想，难道是我高血压又犯了？散会后赶紧吃药，吃完药才从网上看到地震的消息。我想把药吐出来，可是已经晚了。那天晚上，我的血压是有史以来最低的。

我第一次进入 1028 时 34 岁，最近一次从 1028 出来是本周的例会，我已经 43 岁。34 进去，43 出来，大哥进去，大叔出来，这就是 1028 的神奇之处，也是成语“大叔出于大哥而老于大哥”的出处。

1028 是一个长方形会议室，长条会议桌四周是两排座椅。我 34 岁那年坐的椅子们已经报废退役了，但 34 岁那年一起开会的人还剩下几个，这说明家具不像人那么耐用，也说明随着开会的人们年龄和体重的增长，椅子们的寿命越来越短了。投影仪升级换代了，以前是放在会议桌上的，现在吊顶了。两边的墙上是中国地图和世界地图，我们的节目落到了哪些地方就在图上扎一个小钉子，每次看到这些小钉子，我都会想，图，你疼不疼？

我一直百思不得其解的是，为什么 1028 是一个密闭的空间，没有窗子。这是本栋楼人口密度最高的地方，一个需要思考、讨论、决策的地方，竟然要人为地模拟青藏高原的缺氧状态。唯一和青藏高原不同的是，这里的会议进行超过一小时后，就充满浓浓的“人味”，据说，很多人后来因此吃素了，见肉就吐。最近总经办说，终于要给 1028 开窗子了。听到这个消息，我不由得激动了。

公司成立十年了，毫不夸张地说，这十年里，这个公司所有重大的决策，都是在 1028 做出的。这个会议室见证了风云频道的开播和改版、高清频道的得到和失去、3D 频道的试播，以及公司领导和同事们的任免和来去。公司每个人的职业生涯，都和 1028 有紧密的联系。我第一次来中数就是在 1028，接待我的是何绍伟老师。后来我也作为面试评委接待过很多新人，他们有些已经是中数和风云的骨干。我在这个会议室参加过竞聘，后来也作为评委在这里参加过公司很多岗位的竞聘。这里记录着很多人在这个公司的成长，也记录着这个公司的成长。

从而立到不惑，我在这里服务了九年，感慨其实很多。但作为一个稳重内敛上档次的中老年男性，我觉得我应该“把情感收藏起来，给记忆留下空白”。所以我不再去回忆里寻找更多的细节，只拣选几个浮出表层的片段，献给 1028，也献给我自己终将逝去的青春。

34. 我和风云

——吴亦欣

风云十年，感慨万千。2005 年的我，作为一个不年轻的帅小伙加入了风云，放眼望去，周围的同事多半是 80 后，在他们眼中，我被迫成为“老同志”。不经意地掐指，我的青春有前一半是在风云度过的，在风云的这些年，许多往事犹如一幅画卷，慢慢展开，历历在目。有过彷徨，有过坚决，有过感动。

上学时，老师在不断地告诉我们说，要好好学习，天天向上。工作了，父母语重心长地告诫我们说，要勤快、要努力、要热爱集体、要热爱国家。自己也是怀揣理想，想要找到自己最喜欢的职业。1995 年进入台灯光科，懵懵懂懂的“小灯爷”，对一切都产生着好奇。那个时期所经历的每一件事情，每一次拍摄，每一次采访都那么吸引我。影像世界，告诉我很多无穷无尽的知识，也促使我对无尽的技术世界有着不懈的探索。而后，从台灯光科调到台舞美科，那时的我已经掌握虚拟演播室场景设计和制作。2000 年，突发奇想，离开央视，想去看看外面的世界到底是如何的精彩，便去了互联网发展。2005 年，回归央视，来到风云，负责后期系统网管。2010 年，因在后期制作技术管理中发挥了一定的作用，被提拔为制作部经理。2011 年年底，《3D 试验》频道开播，对 3D 电视技术的关注，无疑给我的人生又增添了一笔财富，为我带来了好运。如今的我，已经走上风云中层管理干部岗位，每一步的变迁都似乎是一次破茧成蝶的蜕变。蜕变也收割着我的美好人生。

偶尔回首，发现自己每往前进一步，都是和新技术撇不清的。“风格就是主旨，瞬间就是一切”，每一个作品的完成，我与我的制作团队都力求完美，但我们深知，绝对的完美是不存在的，将来也不会存在，正如甘地所言：许多创意永远不可能实施，因为他们惧怕不能实现。但我们仍在风云这条航帆上，不断学习、不断探索、不断追求，永无止境，为之奋斗。

人活在世上，总要干点事业，尤其是男人，一个自信的男人，要为家庭、社会以及爱你的人和你爱的人，无怨无悔地做些事情。有位大哲学家曾说过：聪明人创造的机会，要比找到的机会多，男人的进取性，应该体现在每时每刻。我感谢风云无私地给了我现在这个机会，发挥所长，让自己的人生价值更有意义。

每当我无意间路过天安门，侧眼望去，英雄纪念碑两侧矗立着的天安门大屏幕时，心中充满自豪与感激，因为它的存在，成就了现在的我。2005 年进入风云后，我一直担任着制作部网络管理工作，工作就是与服务器和用户账号打交道，但我从没放弃对电视新技术的追踪。直到2008 年“天安门大屏幕”项目的到来，我感觉，需要我发挥能力的时候到了，因为，那两年我是有准备的，我一直在关注4K 超清数码摄像机的技术。但当时，这些设备谁都没有真正接触过，后期如何处理，工作流程如何，完全没有章法。记得当时，我和我的战友们，搜罗所有相关信息，大量查阅网络相关资料，最终制订出了4K 大屏幕宣传片全流程制作方案，制作完成的影像也一下子打动了天安门管委会的领导们。如今，大屏幕就在那里。

风云就像一座高雅的艺术殿堂，我就像一个身着燕尾服，挥舞着指挥棒的绅士（卡通企鹅先生），站在属于我的金色大厅，我的舞台上，带领着我的乐团（我中心的兄弟姐妹们），奏响着一曲曲旋律优美、震荡人心的交响乐。

有时，我是个倾听者，有时，我又是一个执行者，在身份角色的变化中，也需要不断地补充学习。2013 年年初，公司组织中层管理干部培训，通过一天的“游戏”学习，逐渐体会到思维拓展和团队合作的重要性。看似简单的游戏，不用心恐怕是玩不好的，老师在选择培训内容时恐怕也想到了这点，通过游戏来带动大家的注意力。通过这次学习，我发现，认真游戏、认真工作才能达到预期的结果。培训的过程告诉我们，没有什么是不可能逾越的，关键是要找到对的方法。看到老师摆弄魔方，看到他娴熟地快速将打乱的魔方恢复，好奇的我们也想学习其中的奥妙，老师说很简单，几个小时就能学会，但限于时间，老师也并没有过多的讲解。下了课我就去网上买了一个魔方，拿在手中，看着教程，按部就班地学习着。果然，一个下午就能学会，一个困扰我二三十年的问题解开了，心中的愉悦可想而知。对于魔方带给我的，不仅仅是一个玩具，我们中心的 3 个部门就好似魔方的 3 个层面，要想拼出完美的魔方，需要一层一层的来逐级恢复，找到每层的特点，针对不同的部门制订不同的管理公式，这样才能更好地协同工作，实现公司利益的最大化。

再过四个月，我的人生将获得一次升级，为人父，为自己增添一个新的角色，肩上的责任也愈加重大，就像我与风云之间，要相互帮扶、相互鼓励、相互成长一般。我愿我的人生，在风云尽显风采，尽显辉煌。父母赋予了我生命，风云给了我实现理想的平台，感谢风云，让我的美好年华不留空白。中国人羞于说爱，但我可以放声大喊——我爱风云，我以风云骄傲，我为风云鼓掌，喝彩！

35. 百字令·忆十年

——王安华

念
初见
甲申年
光阴似箭
弹指一挥间
风云起千机变
花开花落已十年

几经浮沉沧海桑田
日日行不惧迢迢艰险
乘风破浪数字电视旗舰
亦遮风避雨温暖家园
快乐工作平安唯愿

路漫漫兮其修远
情未淡心更牵
把酒笑谈间
岂止是缘
再放眼
潋滟
现

注：全文 100 字，行文呈钻石菱形，喻公司之美，前景璀璨。此文也可倒念。

36. 从没合作过的老搭档

——吴思茜

9 点以后，静谧的羊坊店路，是我们在不同的时空里，最熟悉的场景。两台摄像机，两个重的要死的三脚架，是我们面对不同的“先锋人物”时同样的装备。我们永远错开，不可能同时在一层前台的出门条上签字，我们好像也一直不可能，共处同一个机房，为同一个片子一起出谋划策。

看起来，这个人好像不是我的搭档。但他的存在，却像一道不能缺少的风景。我们在同一个栏目，同一个版块，以两周为周期的时间里轮岗，做着不同的“人物”选题。常有人说，上辈子做坏事，这辈子做电视。误打误撞，我们成了电视人，成了风云的编导。这是一份已经不能用痛并快乐着去形容的职业了。我们在两条路上，为“上辈子的坏事”修行着，内容就是，无尽的选题，采访，文案，编辑，颠覆，惊喜，怀疑，再颠覆，惊喜，怀疑。直到一个令人欣喜的结果离我们越来越近。最后，长吁一口气，哎，还好，赶得上责编合片，送审，然后入库备播。

这是一个巨大且深的苦海，回头一看，好像真的没有岸一样。往前走吧，是这个搭档从来没有停止用行动暗暗告诉我的。他说，别人在公车上偶然看见的，走在羊坊店路上的他，就是在想“这条片子怎么做才好?”他说，我也不知道什么才是真正的规则，只是觉得（片子）“怎么好看，就怎么弄”。我知道，当我拖着一堆比行李还要多且重的设备回到京门大厦时，他也许在 10 楼的机房挥洒着另一种风格的热血青春。故事怎么讲，才够有惊喜。每一个画面怎么接，才能更加舒服。音乐加哪条？采访用哪句？逻辑通不通？一切的一切，最终化成10分钟的“先锋人物志”，非常荣幸地成为CCTV女性时尚《尚峰汇》栏目中，最有深度的版块。对，深度，追求起来挺累的，但，这能让我勇敢地撕碎过去。再往前走，会活得越发精准而明朗。

在外采访，我一直在努力寻找CCTV这个平台带给我的一点点自信。与时尚圈的“先锋人物”的一次次对话，我都像扶着拐杖走路的弱者，战战兢兢、诚惶诚恐。唯恐采访对象面对CCTV的镜头，不能给出最好的分享。而在我的想象和期许中，另一个时空里，那个从未合作过的搭档，一定自在极了。如鱼得水，飒爽英姿，纯熟的采访尽在掌握之中。有些时候，我必须要在看到他作品时候，一边在嘴上不屑着其中小小的瑕疵，一边在心里窃喜，每次都有的一点点进步。

在上班之前出发，遇见迎面微笑的同事，在夕阳落下后回归，带着丰硕的素材。不同的时空里，我们各自往前走，和《尚峰汇》的“先锋人物”们，感受着这个奇妙无边的世界。

谢谢风云那些看不见的同事，没“搭档”过的同僚。在小小的位子上，悄悄地发光。照亮身边的人，保护着偶尔迷失的单纯和希望。梦想的征程，即使永远都是黑暗的，让人透不过气的感觉，如果永远不会有释怀的时刻。那脚下的路，和同行的人，就是天边最亮的星。

37. 一个正确的选择，一份值得坚守的事业

——王衡生

风云十年，是我最长的一份工作，十年征文，却是最难写的一篇文章。十年，我从小王变成了老王，送走了一个又一个朋友、师长，迎来一个又一个领导、战友。十年，见证了风云的分分秒秒、点点滴滴。经历了风云从蹒跚起步到快步前行。十年，公司从一个困难走向另一个困难，留下一路坚实的印记和美丽的风景。十年，有太多太多的辉煌成绩，太多太多的难忘瞬间，这些用汗水写就的故事，用泪水描摹的图画，只能用心去记忆、去体味、永久珍藏。既然风云这十年太难取舍，干脆把时针播到风云之前，给大家讲讲与风云的缘起吧。

我是2004年8月5日来到央视风云的，介绍人是王向群老师，江湖人称“大象”的便是。虽然过去了这么多年，与大象见面的场景仍清晰如昨，不曾因岁月流逝有半分稍减。

那时的我刚从石家庄来北京一年，在唐龙国际传媒工作。资深一些的电视人应该对唐龙公司有些印象，十年前与光线、派格、嘉实并称民营电视四小龙。我任职一档叫作《生命》的日播30分钟栏目的主编，收入颇丰但工作却“暗无天日”。那是一个在地方台发行的节目，每周5期常态节目加1期周末版。民营公司做的发行栏目处境非常可怜，无论节目质量如何，台里一个小小的责编就能决定其生死，因此所有人的状态都不稳定。栏目组大概有将近20名编导，这些人来自五湖四海，水平参差不齐，有来自地方电视台的部门主任，有刚离开校

门的大学生，有身在央视、新华社的兼职撰稿，也有游走在各个栏目组的自由短工，人员永远处于流转变动中，那是一个缺乏组织、没有理想、不求目标的团体，除做一期节目拿一份稿酬之外，对公司、对栏目没有任何归属感，人们工作的目的是为换工作，换一个可以拥有未来和梦想的工作。

2004 年 7 月底，我正在困惑与迷茫中浑浑噩噩地劳作时，突然接到一个陌生的电话，“你好，我是大象，河北台狄晓伟的朋友，中央电视台有个做数字电视的公司叫央视风云，有兴趣的话咱们见一面”。于是，在月坛南街一个小小的饭馆里，我第一次见到了大象，他人如其名，如象般高大壮硕，留着长发，艺术气质十足。与我每日打交道的“电视民工”相比，充满了对未来的憧憬和对梦想的执著，那时，我忽然像找到组织的地下党员一样充满喜悦与激动。大象只是简单介绍了一些风云的情况，看得出来，他似乎也并不了解多少，只是说这是中央电视台的一个全新的业务版块，是孙玉胜《东方时空》之后的再次创业，而我们要做的是开办两个面向海外播出的频道。天呐，跟着传奇人物孙玉胜，两个面向海外华人 24 小时播出的频道，这是何等恢弘的平台，这是何等开阔的天地！没有任何思考和犹豫，我就答应了大象的邀请，从此成为央视风云的一员，并且一干就是十年。

随着风云工作的展开，我越来越清晰地明白了自己为什么毫不犹豫地做出选择，这里有值得为之奋斗一生的付费电视事业，有值得为之坚守的文化传承，有让员工快乐工作的文化认同。数字付费事业虽然困难重重，但方向明确，你不会迷茫；发展的脚步虽然不算迅捷，但一直坚决而稳定。在风云的十年中，感恩与幸福的情绪一直充溢我的内心，让我能够心态平和地面对困难和考验。改革开放 30 年，中国创造了无数的经济奇迹，涌现了无数的致富神话，也导致社会和个人产生了严重的浮华躁动和急功近利心态，大量的企业携带各种新技术、新业务如夏花般涌现，但往往在盛开之后迅速凋零，前些年看到一个统计，说中国企业的平均寿命为五年，且还在继续缩短，因为它们没有明确的方向和稳定的事业追求，在这样的企业中，员工往往因为缺乏长远目标而极不稳定。成功的企业追求基业常青永续经营，而不是昙花一现，达成这种目标的前提是，有稳定的主营业务，有长远的目标规划，有积极而稳健的愿景目标，有具备传承价值的企业文化，而风云用十年时间证明，这些我们全都具备，所以，这里的事业值得我们为之奉献，这里值得我们坚守一生！

38. 非广告及狂妄的誓言及其他

——隗平凡

我们是看电视长大的一代。

那时候没有微博，没有苹果电脑，连小霸王游戏机都是奢侈品。

《生活大爆炸》里的谢耳朵说，他从小最好的朋友就是电视科教节目主持人“质子教授”。对我来说，《西游记》每集开头那个拔地而起的画面和音效、《东京爱情故事》里莉香那甜美而寂寞的笑容、迈克尔·杰克逊 MV 里他化成一抔沙子前的回眸……都是关于电视的最美好的回忆。

因为希望曾经发生在我们身上的那些化学作用能够延续，执著地相信我们现在用心呈现的节目，在某个时刻能够打动、激励甚至改变这个世界上某一个角落里的某一个人。就像我们曾经经历过的一样。

中国哲学讲究“无执”，然而，鲜有人能真正达到这物我两忘的境界。入世者须“有执”，才能指引前进的方向（朱光潜）——哪怕“执”得过于疯狂和理想化，比如就像著名的“MTV 世代”一样，我们也有可能打造“风云音乐世代”。

“MTV 世代”指的是 20 世纪末期到 21 世纪初期，深受 MTV 电视台影响的一代人。他们试图将自己与嬉皮士、雅痞和二战后美国生育狂潮那一代人区隔开，找到属于自己的定位。他们最典型的一个共同特征就是，看过音乐录影带。这些人里有音乐家、艺术家、各行各业的佼佼者，以及千千万万的普通人。MTV 在 30 多年的发展历程里也经历了唱片业的衰落、网络的兴起、数字产业的冲击，但是他们始终坚持以优质节目打开市场，同时将发行战略、广告战略、活动营销、新媒体开发等多重战略合理布局，不断地进行国际市场扩张。

《风云音乐》自2004年8月开播至今，已经将自己精准定位——环球时尚流行音乐主题频道。如此细分市场，能够给受众强烈的归属感。不同于其他综合性频道，这里只有时尚的流行音乐。不同于网络媒体，无需输入网址、登录、选择、等待缓冲，只要打开电视调到这个频道，就有不间断的音乐陪伴。著名乐评人李皖曾在20世纪90年代对“流行音乐”做了精妙的解释：“同严肃、高雅、古典这些词儿一样，流行是一个历史范畴，而并非如字面所示，仅仅指‘流行的’这么一种属性。开始时它可能这样，但随着历史的时光流转，随着一代一代不断出现的后来者的实践，不断有新成分加入。开始与流行相关，然后与相关的相关，再然后与相关的相关的相关。”不必狭义地将流行音乐分类，也不必狭隘地将它分出三六九等，音乐是与时代相映照的产物，自古以来，人们就认为音乐能够怡养性情，打开自然与世事的桎梏，培养内心的和谐。归根结底，我们努力发掘来自全球各地的优秀音乐，就是要打造一个传递音乐的美与和谐、给人以幸福感的频道。“风云音乐世代”也非狂妄地想要塑造与改变什么，仅仅是将视角深入每一个观众的生活点滴之中，彼此印照成长，用音乐的轨迹记录一代人的共同经历。

《风云音乐》已经走过了近十年历程，好奇有多少人与我们相伴一路走来——也许他们是摇滚乐迷，喜欢披头士、皇后、Portishead、碎瓜和酷玩，也曾抱着电吉他或贝斯在镁光灯里挥洒青春，后来的后来做了朝九晚五的白领；也许他们是韩流粉丝，听东方神起、Super Junior的歌长大，愿意不惜一切代价抢到演唱会前排座位喊一声“偶吧”；也许他们是日饭（喜欢日本音乐的歌迷），为了自己钟爱的AKB48可以飞到日本收集光盘和生写（艺人的现场照片），并且形成了对萌妹子的审美体系；也许他们的最爱还是华语乐坛的超人周杰伦，受他的激励也在用天赋和汗水浇灌自己的梦想，而且业余时间里还成功创作了几首属于自己的歌……不知道十年的时间可以在一个人身上刻下多少烙印，但是对于我们来讲，这是一个成熟与发展的历程：从韩国《SBS 流行音乐榜》到《M！Countdown》；从英国专辑榜《CD：UK》（我是从听译这个节目走上编导之路的）到美加排行榜；从《日本榜 Music Station》到《日本音乐头等舱》；从《环球金曲榜》到《网络演歌台》；从洛阳《环球红歌盛典》到鸟巢“三国演艺”；从金属齿轮到变形麦霸机器人……十年的发展难以用寥寥数语涵盖，然而我们一直心存理想，并且向着那目标前进的步伐总是发于此刻的足下。这就是目标与执行力的平衡，这是未来 20 年、30 年乃至一个世代发展的开端。

时间就像茂密生长的植物，不知不觉爬满了墙壁、爬上了屋檐。仿佛昨天还在唱着“月亮，在白莲花般的云朵里穿行”，背着“至若春和景明，波澜不惊，上下天光，一碧万顷”，还在“大街上琴弦上寂寞成长”，在祖国 50 周年生日时的天安门广场上翻纸花作背景……而今我们已在风云这个大集体里迎来自己的而立之年，收获了成长和友情，见证了一次次爱情的誓言和新生命的诞生，学习包容、豁达、关爱，并且用最大的力量支撑起自己的家庭……如题所示，这不是一个 80 后的痴人诳语、一个主编的广告软文，只是北京连日被雨水冲刷，夜色如墨，恰好抒情。

39. 我们的十年

——新媒体中心全体

【编者按】

2012 年 8 月，新媒体节目中心正式成立。这也许是中数、风云两个公司最年轻的部门。我们的同事来自公司各个岗位，从各自不同的视角共同见证了风云十年。这篇文章，由大家合力完成，一个个鲜活的瞬间，共同构成了《我们的十年》。

《2004：风云合伙人》（方光秀　2004 年加入央视风云《世界地理》频道）

人的一生，能有几次创业的机会呢？

2004 年初夏，面对我的犹豫不决，周老师用这句话说服了我。还没毕业的我，又用这句话说服了我爸，从此跟随张（朝夕）老师和周（文飞）老师，一脚踏进了央视风云。

创业是什么？对于当时的我来说，是一种冲动和对未知的憧憬。一切都是新的。频道叫什么？口号是什么？每天播什么？给什么人看？还有，3 个人怎么维持一个频道？讨论这些问题的时候，京门 10 层的办公室还没有装修完毕，张老师自掏腰包，在各茶馆、咖啡厅开 3 人的小型策划会，而每次，我们都为未来的那张蓝图激动不已。《世界地理》频道曾有一版“世界一流纪录片频道”的宣传片，那不是虚张声势，是我们心中真实的愿景。

8 月 9 日，风云的第一批 6 个频道正式开播。晚上，我们和《第一剧场》频道的陈镭老师一起吃了顿饭。每人都来了碗“一根面”。小小的碗里，长长的面。我们用这样的方式庆祝频道的第一个生日。

但也是从那天，我开始知道，创业激情的背面是恐惧。

还是在频道的生日饭桌上，时间刚过9点，我突然接到播出线的电话，说第二天的节目单出现了错误！开播第一天就出现了错误？我的后背开始发凉。直到后来，公司出台了编播的奖惩措施，允许每个频道每个月可以有1次出错不惩罚的机会，大家还想，这怎么够呢？而现在，责编已经可以做到每个季度都不出错，甚至全年无差错。不得不说，这是流程和管理带来的效率。但是，陪伴频道播出的每一个小心翼翼，却是从那一刻起再不敢忘记的。

【我们的话】把自己交给风云，怀抱希望，风雨同舟，这是“合伙人”的真正含义。

《2005：机房里的正能量》（纪准　2005年加入中数传媒《电视指南》频道）

投身电视即为家，创业艰难百战多。

付费风云正十年，此头须向机房悬。

磁带为枕盘做席，天荒地老对编机。

非线剪成今日事，人间遍种中数花。

一首歪诗，改自于《梅岭三章》，全无陈毅元帅的“十万旌旗斩阎罗”的气势，却也多少表达了我在风云2005年以来的经历与感慨。

初来风云，正是“电视指南”刚刚开播的日子，回忆完全被看素材、写稿子、编片子覆盖，毕竟一个周播3期，30分钟的原创栏目，在开路频道至少要20人的团队来完成，而在指南这一切工作只有2个人承担。

但是，我们却丝毫没觉得日子难过。那时在指南频道，同样工作量、同样规模的栏目还有3个。每次加班到深夜，一歪头，至少能看到三四双同样炯炯发光的眼睛。相互开个玩笑，或是一起点份儿夜宵，楼道里便充满了年轻的笑声。当时还未流行“正能量”的说法，但是当这个词传到我的耳朵里，我想没人比我更明白“正能量传递”的含义。

【我们的话】快乐工作，互相扶持，十年风云变幻，流动的是每个人心中的正能量。

《2006：我在苏宁站柜台》（肖凯　2005年加入中数传媒企划部）

2006年夏天，为了推广高清频道，领导下达任务，市场部所有员工到苏宁进行驻店营销。

刚接到任务，我有些抵触。但两周的家电促销员生涯还得继续。每天早上8点准时到苏宁，和卖场员工一起清洁店面、擦拭机器，9点开始迎接顾客。当时，高清电视机刚开始进入中国家庭，很多销售员对它的特点都不太了解，我就当起了临时老师，从技术到内容，讲得卖场员工无不佩服。

更难的是，向顾客推广高清电视和我们的高清频道。从早到晚，嘴基本没闲着，效果却并不好。几天后，在遭受了数百个顾客的冷眼后，终于有一位金主准备购买高清电视捆绑频道。但当他得知，频道在北京还没有落地，只能自己通过架设卫星天线收看时，不得不决定放弃。可是，我的第一笔生意不能就这样溜掉！我想尽办法，通过技术部的同事找到了架设卫星锅的厂家，为这位顾客联系好安装，最终，完成了第一单的销售业绩。这种前所未有的满足感，现在回想起来，仍然激动人心。

【我们的话】筚路褴褛，我们仍一路同行。创业的过程中，每一次探索和尝试都值得肯定。

《2009：风格汇》（陈曦　2009年加入央视风云制作部）

暖春季节，我第一次来到风云的制作部。黑色的铁丝网，蓬皮杜的吊顶，让初来乍到的人不觉眼前一“黑”。这儿可真有风格！

一个月后，《女性时尚》频道的《风格汇》入驻制作部，有人问：可以把自己的风格添加到节目中去吗？编导回道：这是一档时尚的栏目，当然要有风格。我的师傅金晶十分兴奋，长久在暗黑屋子里创作，终于能把特效炫耀的一面发挥出来了！

但第一期节目的出炉并不那么顺利。团队合作，要把每个人的独特风格都融入其中，大家经历了激烈的讨论争辩和说服。一个星期后，我们的包装和剪辑第一次接受检阅，得到的却是一系列“改、改、改”的审片意见。大家有些沮丧，但现在我明白了，个人的风格固然重要，更重要的却是大家合力，形成独特的栏目风格、风云风格。

节目播出当天，我躺在床上，脑海里却一直萦绕着解说词的声波和主持人的画面。晚上 12 点，金晶打电话问我：做完这期节目给你的印象是什么？或许，黑夜的生活很寂静，但创作的生活很精彩。

【我们的话】年轻，个性，有“风格”，正是我们，共同创造了风云的独有气质。

《2012：快乐跳跳糖》（刘文　2009 年加入央视风云《央视精品》频道）

我不是曼妥斯，曼妥斯太激烈，尤其是遭遇可乐的时候；我是跳跳糖，撒一把在嘴里，有声响、有快乐。

2012 年，参加伦敦奥运会 3D 直播工作，是我来公司五年，最快乐的事情。直播，紧张又刺激；等前方信号、看备播带、注意收录、盯音频，和一大群同事白班、夜班、分工、协作，辛苦又有趣。

作为夜班组成员，每一个 5、4、3、2、1，响起的时候，倦意的我们如同被塞进一嘴跳跳糖，清醒的感受立刻在舌尖劈啪作响。凌晨 4 点，一夜的直播工作结束，下 51 层电梯，从央视新楼出来，兴奋的感受久久难于消散。

整个赛事期间，只一次，就那一天，我们在晨曦里拍照，岁月或许定格，伴随绯红的朝霞，一个个的熊猫眼，疲惫又温柔。不管年纪大小，“青春”二字，已能诠释照片里的这群人。

【我们的话】如果岁月只能记录大事，它一定会感叹风云的爆发力。身处风暴眼，我们却已经悄悄创造了历史。

《2012：我的第一次》（韩耀丹　2012 年加入央视风云技术制作中心）

第一次参加中心例会，一张张陌生的面孔，一双双好奇的眼睛。我笨拙地将自己介绍给了大家。吴（亦欣）老师略带慵懒却幽默感十足的声音，还有每个人心领神会的笑意，让我的紧张悄悄溜走了。从那一刻起，我真正成为风云的一员。

第一次拓展训练，“将二坚持到底”是我们的队名。一群“有个性”的同事，经过重重“考验”，变成了肩并肩的战友。真人 CS，让我们认识彼此；高台坠落，让我们信赖彼此；而终极挑战的 8 米高空穿越，让我们每一个人见识到了，集体的力量可以帮助我们战胜最本能的恐惧。这一次，让我真切地体会到，在风云这个大家庭里，无论前路多么摇摆不定，总有人为我拉紧绳索。

第一次中心活动，凌晨 2 点还在“角力厮杀”；第一次年终考核，从吴叔的眼神里，我读到了理解和认可；第一次年会汇演，每一张脸上都写着对完美呈现的执著；第一次……

在风云的 2012 年，有太多的第一次，而那每一个“第一次”留在心底的，都是满满的温暖。

【我们的话】从“第一次”到“每一次”，风云的目标，不是第一眼的惊艳，而是历久弥新的信赖感和归属感。

《2012：三个人的中心》（陶春晓　2006 年加入央视风云编播部）

2012 年 8 月，杨（涛）老师、张爽和我 3 个人组成了公司最小的部门——新媒体节目中心。成立伊始，我们没有固定办公室，京门 5 层到 11 层没人的小房间都是我们的会议室；没有预算，杨老师自掏腰包开展外联业务；人手不够，3 个人咬牙完成了公司要求的各项工作。

从两眼一抹黑，到完成第一份 VOD 摸底情况报告；从通过各种渠道搜集二手信息，到亲自深入浙江、湖南、重庆开展实地调研；从面对海量节目毫无头绪，到最终确立节目销售方案，我们 3 个人的中心从无到有，从有到优，凭借的是对 VOD 事业的希望和热情。

那个炎夏，勇气灌肠种下信念。有意或无意的，我们都在为着心中渴望而现实中没有找到，或者现实中业已找到但不属于自己的，一种叫作梦想的东西而奋斗。

【我们的话】 继往开来，再踏征程。成功不可复制，但那一份儿创业的激情仍在流淌。

【结束语】

新媒体中心的成立，是许多人在风云的第二次创业。我们多了些理性思考，更多的脚踏实地。其实，每个人的一生都是一次创业，无关多少青春，也不需一腔热情，为了那些志同道合的同路人，为了在风云中不虚此行。

40. 体味成长

——写在中数成立十周年

——徐守锋

2013年9月，中数就将迎来自己的十周岁生日。十年的发展历程，中数由一个超越完成另一个超越，从一个辉煌走向另一个辉煌。中数又是承载我成长的舞台，回味加入中数以来的点点滴滴，满是收获的充实，幸福的感动。

体味成长，写在中央数字电视传媒有限公司成立十周年。

中数，生日快乐！

转变：这里是成长的另一个舞台

2010年6月3日是我22岁的生日，也是在这天，我与中数正式结缘。带着刚刚走出校园的稚嫩和迷茫，带着对于未来的希望和梦想，我第一次走进了这里，这个梦想开始的地方，这个成长的舞台。

初入职场对于每一个刚刚走出校园的人来说都会是一场角色的转变，而要完成这次蜕变，需要的除了自身的克服与努力，周围环境的熏陶和帮助同样不可或缺。中数的融洽和活力恰恰构造了这样一种氛围。周围同事的热情和友好，领导的亲切与关怀，都让自己很快地融入到这个团体。走进中数，慢慢有了自己走进职场的每一个第一次：第一次工作例会，第一次联系客户，第一次出差……在完成每一个第一次的同时，自己也在悄然完成转变，变得越来融入这样一个充满活力的群体。很喜欢电视剧《士兵突击》，不仅仅震撼于一个个铮铮男儿的热血柔情，更着迷于军人对于集体的归属和忠诚。我在中数感受到的，或许正是这样一种归属和价值。

时间流过的地方总会深深烙下成长的印迹，只是这印迹有了更加博大而深厚的承载。蜕变是成长的收获，更是新的开始，只是这次的成长有了更大的舞台。中数正是这样一个舞台，演绎精彩，承载成长。

饱满充实：在这里让我享受工作

在中数的工作让自己第一次体味到了工作的快乐和充实。

作为付费电视行业的领军者，中数的发展和成长也引领着整个付费电视行业的发展方向。中数传媒在近十年的打拼和磨砺中铸就了博大而深厚的底蕴。在这里的一群人也正是中国付费电视产业的拓荒者和追梦者。拓荒者的工作艰辛而劳苦，唯有信念是他们不断前行的动力；追梦者的坚持源于对于梦想的渴望，更源于面对挑战的魄力和勇气。这样的一群人可爱而可敬，这样的一份儿事业值得付出和奋斗。

在中数的工作让我懂得了高效和执行力的法则，更领略了创新与开拓的魅力。在中数的工作，也第一次让我有了全力以赴的干劲和目标。在中数的工作更像是与一位智慧长者的倾心交谈，有了见贤思齐的动力，有了发展成长的指引。

这里的人崇尚的是快乐工作的理念。中数人相信：“人的潜能无限，心的潜能无限，一个人在工作中的快乐程度等同于个人的目标实现值”，“带着热情的态度工作，永远保持积极的心态”。严肃而不失或活泼，效率而寓于快乐。快乐的心境更能激发人的智慧和潜能，也使每一个乐于其中的人完成个人目标价值的实现。

中数，多像是为梦想寻觅的一方沃土，在这里快乐耕耘，收获累累硕果。

感恩的心：我不是一个人在战斗

“成长的路，

布满荆棘与忧伤，

或许这就是生命乐章的变奏和跌宕，

风雨和磨难都是成长的注脚，

注定要为这向上的升华镌刻最深沉的一章。

只因有你，
暴风雨前不再恐惧哀伤。
感谢有你，
阴云密布却又温暖晴朗。

春风化雨，
不尽是关怀和探望。
甘露唤醒的，
更是信心和力量。
一只只臂膀，
扶起的是生命的绿色长廊。
血液传递的，
还有浓情与希望。”

从世纪坛医院回公司的路很短却很漫长，从公司去人民医院的路漫长却又短暂。世纪坛医院医生的一纸宣判，让我瞬间从人间坠入地狱，时间仿佛停滞，空气也突然凝固。部门领导陪我从世纪坛医院回到单位，中心领导又让马上去人民医院作进一步确诊检查。由于已经接近下班时间，进一步的检查只能第二天进行。陪行的同事跑着挂号缴费，自己静静地坐在急诊室里头脑一片空白，急诊室很快被赶来探望的公司领导和同事挤满，手机里也不断有安慰和鼓励传来。所有的问候都在激励着自己，要坚强，要振作，没有什么过不去的坎，一定可以挺过来，温暖，感动……

一夜无眠，第二天总算到来，父母还在赶往北京的路上，我却早已感受到来自中数这个大家庭的浓浓温情。躺在病床上的我虽然不知道所有人在为我做着什么，可我心里却清楚地知道此时此刻公司领导和全体动员正在全力帮助我。人民医院的住院床位紧张难得，公司却第一时间为我解决了住院难题；公司的工作紧张忙碌，领导和同事们却自发不断地赶来探望，每一张关切的笑脸都是一缕春风，吹拂唤醒了生机和希望。来自公司领导的关怀更是让我热泪盈眶，忘不了刘总一直的关心和温暖的问候短信，也忘不了柱总的亲自探望和慷慨捐助。正是有了公司上上下下的关心与帮助，2012 年才没有成为我的末日。

病情危急，需要的是紧急输入血小板进行治疗，而医院血库血小板却早已告急。来不及联系每一位亲戚朋友进行捐献，最紧急的时刻，又是亲爱的同事们雪中送炭，解了燃眉之急。躺在病床上对外面的事情已经毫不知情，直到此时，我才知道每一个人的名字：刘凯宁、宋凯、肖凯、丁晓春、张小亮、鲁本本、刘涛、刘毅明，还有那些无私援助我却不知道名字的同事们，你们每一个人都是我生命的天使，谢谢你们。

治疗的过程痛苦而漫长，来自同事们的关心和鼓励却源源不断给予了我信心和力量。感谢上苍，让我在最绝望的时刻有这样一个温暖的集体相伴。中数传媒的领导和同事们，自己一直坚持和努力着重新出发就是还不舍与你们就此分离，一路以来的患难与共，你们早已是我生命中最深刻的铭记，我们早已是一家人。

离开中数工作岗位已经整整一年的时间，这也是我在中数工作的第三个年头。

整整一年的离开，离开自己工作的岗位，离开亲爱的领导和同事，但一直陪伴我的却是中数这个大家庭所传递的温馨与真情。

太多的感激、感谢和感动，用语言表达出来都略显苍白与无力。如今，在中数即将迎来自己十周岁生日的时候，我终于顺利归队。亲爱的领导和同事们，我没有让你们失望，我回来了，未来的日子，我们还将一起战斗。

期待：下一个十年的辉煌

时光如白驹过隙，中数三年的工作和生活宛若昨日，仍旧历历在目。三年间，中数的发展不断取得突破，气象日新。而今，年轻茁壮的中数即将迎来自己十岁的生日。中数三年，是我在中数走过的路，中数十载是公司沐风栉雨、披风斩浪的成长历程。静静地体味着在中数点滴收获和成长，满是喜悦、充实、饱满、感动……

一个人的生命抵不过多少个十年，一个企业在无数代人付出一个又一个十年的累积中成长。不必叹息不能十年前就开始一起见证中数的点滴成长，但从今天起，我将可以以中数一员的身份见证和开拓下一个十年的成长辉煌。

体味着成长，更收获了梦想，我们共同期待着：中数下一个十年的辉煌！

41. 写给十年后的我

——杨　超

你好。此时的你应该已经35岁有余，正值人生最年富力强的时刻。不管你现在是否住着宽敞的豪宅，也无论你是否开着夺目的跑车，但是我相信，你肯定拥有以下这些东西，它们远比你精心设计的简历来得更有说服力，也更比金钱的厚度让你感到踏实，它们才是让你没有枉度这十年青春岁月的金典。

它首先是一股精神，一股奔涌不止的奋斗精神。不知多少人都这么说过，人生就像一场旅途。然而在漫长的旅途中你很难保证随时都有看风景的心情，你会疲惫，你会厌倦，但是停下来休息的时候一定别把奋斗的精神丢弃在路途上，它是你继续前行的动力。很高兴我看到现在的你依然保有这股昂扬的精神气，这是十年前你在央视风云所学到的。冲过终点线固然是一次征程的最终目标，但是别忘了更要体会到奔跑过程中的美丽。立志欲坚不欲锐，成功在久不在速，想必在这十年里，你体会到了这句话真实的含义。

其次，它是一种学习的能力。你应该庆幸，当你走出校园后来到了这样一个单位，它没有职场上尔虞我诈的不正之气，也没有附庸懒散的靡靡作风。在这里，你学到的是象牙塔之外的人生，学到的是思考的能力，是思辨的能力，更是创造的能力。现在年逾30，你依然在学习，因为学习能让你始终保持向上的生命力。须知，少而好学，如日出之阳；壮而好学，如日中之光；老而好学，如炳烛之明。希望你能够一直保有这股学习的劲头，始终做一颗逐日的风信子，飘落至最后一丝尘尽，撒有余芒，流芳万长。

再有，它还应该是一种对梦想追逐的力量。你从小就是个理想主义者，哪怕别人嗤笑你漫无边际的想法，你也总是秉而直行。你知道，那些看似缥缈的萤火之思，很可能就是燃起熊熊智慧之光的火种。还记得第一天来到央视风云的心情吗？你说好像是在漆黑的夜里突然看见了晨曦。曾经别人都说你抓不住光，因为它们是无形的，但是此刻，我看到光就在你的指尖跳跃，因为你懂了，光不需要去抓住，只需去沐浴、去照耀。梦想其实是很虚的东西，它没有形状，没有色泽。但是在你的心里，它却很沉很实，它是你探求彼岸的双目，是你青春逸动的脉搏。

我想，这金典还是一种品质，是一种人格。豪言易立，而人格难立。你应该感谢你友爱的同事，你达明的上级。他们以自己的品行为你架构起做人的脊梁，使得你纵使偏颇蹒跚，也行得直，坐得正。你不但在这里学会了什么叫敬、忠、信、仁、义、智、惠、让，更学会了如何去秉效这些美德：象天能敬，帅意能忠，思身能信，爱人能仁，利制能义，事建能智，慈和能惠，推敌能让。

十年的时间里，你因为擂鼓起精神，历练出能力，秉持住信念，建构下人格，所以你才能欣赏人生的美景，不为世事所累，不骄纵，不魅惑，不辗转，不自弃。不管现在你的脚步行走到哪里，不管你的梦想是否已经飞腾，都不要忘记曾经梦开始的地方。

站在今天，我就像一个放风筝的人，幸福地看见自己的风筝在十年的长线之后迎风飞扬；它没有坠地，没有断线，我牢牢地把它掌控在自己的手里，并且还将继续把线放长，让它飞得更高。

可以预见的是，你还将有新的一个十年，两个十年，三个十年。我想，对于此时已经达练的你，我没有太多笨拙和幼稚的话语，我坚信，每一个十年，你都会身体力行地告诉我智慧的答案。

此刻的我更愿意倾听十年后你对我最宝贵的教诲，想从你开怀的笑容和卓卓的势头中读出这十年来的精彩，我想：那应该是一种初升，叫作朝阳；是一种花开，叫作绽放；是一种涩香，叫作青春；是一种追逐，叫作理想。

感谢理想，感谢理想在央视风云绵久延长！

42. 变形金刚变形记

——俞　雷

擎天柱在每集系列电影最后都说一句：
我是擎天柱，
向所有在星际间流亡的博派人发出此讯息，
我们在这里等你们；

而我们的文飞主任总在每天上班的第一刻对我们说：
我是文飞，
向所有在3D频道工作的超人发出此信息，
和我一起去努力工作吧！
我在这里等你们的好消息。

于是，3D频道编辑部的14人就开始变形，分别从主任、副主任、责编，变成了节目制作的高手、项目合作的商务精英、网络推广的专栏作家、大型直播的专业导演、职业司机、财务统筹、策划写手，还得精通历史、地理、文学、政治、经济、体育、美术，我们恍惚地以为领导搞错了，错把自己认为是无所不能的超人；因为，“和我一起去努力工作吧，我在这里等你们的好消息”这个声音，没有一刻不萦绕在我们的耳边。

我们的业务横跨五大洲四大洋，只要有好节目的地方，我们就去挖掘。

我们的业务涵盖纪录片、动画、电影……只要有可能，我们就去创造机会。

短短一年多的时间里，我们就经历了频道初创开播、世界杯节目制作、欧洲杯直播、伦敦奥运会直播、CBA 中国男子职业篮球联赛录制、春节联欢晚会纪录片制作、外购节目制作等重要项目。

仔细想来，感受较为深刻的有：

一、伦敦奥运会的转播

2012 年 8 月 13 日凌晨 7 点，伦敦夏季奥运会顺利闭幕，中国电视历史上的首次 3D 奥运转播工作也画上了圆满的句号。在 16 天的时间里，3D 频道对奥运会开闭幕式，以及田径、跳水、游泳、体操、花样游泳、皮划艇和篮球等 7 大项目共 88 场赛事进行了 3D 转播。在赛事空档和没有直播赛事的白天时段，频道精选了精彩赛事进行重播，并制作"赛事集锦"、"夺金时刻"、"奥运金牌榜"、"奥运表情"等集锦类节目丰富 3D 荧屏。3D 奥运节目的总播出量达到 305 小时。

在这场大型战役中，团队配合作战给我留下较为深刻的印象，整个变形金刚团队分为 3 个小组，分成白班与夜班组。7 月，各项筹备工作进入最后阶段。7 月 9 日，由公司各部门 31 名各岗位员工组成的 3D 奥运转播团队正式建立。12 日，各工种进入新台址 E16 演播室，学习设备使用和演播室直播经验。16 日，各小组开始分组进行实战演练。整个团队在互相的配合中不断学习、总结，积累经验，完成了这项重要报道任务。

二、CBA 篮球联赛的录制

2013 年春节前接到 CBA 转播的任务。茫然，是因为整个项目环节太多，充满变数；忐忑，是因为篮球转播是一项专业工作，我们团队从没经历过；期盼，是因为渴望迎接并经历这份挑战；敬畏，是因为在这个领域里有一群忠于职守的专业人群；焦虑，是因为各项工作基本都没有展开；疑惑，是因为担心是否能够完成这次转播任务。

带着种种担忧，3 月 1 日 19 点 45 分第一场赛事准时开始录制；60

多人变形金刚团队变形，开始紧张而有序的忙碌；转播如期顺利地进行着。不得不提到这支专业的团队：央视风云与台技术管理中心团队负责总体协调与制片工作、播控中心转播部负责技术设备搭建、体育频道竞赛部负责导播摄像工作、技术制作中心负责具体录制及后期剪辑工作。我们央视风云团队又分为5组，分别是导播组、场地组、主机位组、后勤组、技术组，有效地保障着录制工作。感谢我的同事们——胡艳梅、范佳奥、任莹、郭大宇、陈铁、张舟、牛红鹤、胡雯、秦毅、金晶，如果没有他们细致而专业的工作，就不能够保证录制工作的顺利进行。总体感受，专业、高效、可信任的团队是工作可靠的保障。

这个项目用于落实的时间太少，1月底拿到授权，春节前组织各方人马召开项目介绍会，组建60余人的转播团队；春节后立即组织录制。非常短的时间内完成一个程序较为复杂的专业项目，从项目操作到心理层面对我们团队都是极大的考验。我们的团队在有限的时间内不放过过程中的每个细节，真诚面对，有效推进；转播工作得到了具体落实。

三、国外节目的译配制作

引进节目这项工作的头绪多，流程多，有的环节需要反复协调，因此，完成这项任务充满了艰辛与挑战；再加入上开播初期配备的两位责编中一位离职，所有的工作就自然地压在秦穗姑娘的肩上，变形金刚精神与力量在她身上开始显现，一些精彩的译配节目《世界简史》、《卢浮宫》、《古文明生活》、《非洲野生动物世界》开始在我们频道播出了。同时，变形金刚新成员杨白也开始了译配工作，制作了《宇宙》、《南北战争》等优质节目。

回想来到央视风云的七年里，想起每个艰难时刻，变形金刚的精神时时地召唤着我。从娱乐事业发展部到女性频道、从女性频道到商务合作部、从商务合作部到3D频道编辑部，每一段工作都是通过学习与实践带给我和身边同事无比强大的智慧与力量。

43. 人生若只如初见

——周文飞

十年前6月的一天，世纪坛东面一条僻静的小巷子，名叫晾果厂。那天，我交出手中最后一个片子，顶着初夏的太阳，从羊坊店西路东方时空所在的南院，找到这里。路比我想象的长，我走了一身汗，险些迟到。

在一个不大的办公室里，我见到了一些熟悉的面孔。我在东方时空的同事：张朝夕、从鹏、何绍伟……做会议纪录的是大名鼎鼎的杨继红。我至今保存着这份有共产党宣言架势的会议记要。

那天，我搭朝夕的车回家，在车来车往的二环路上，拉我入伙的张朝夕对有些疑虑的我说：不久的将来，人们回家看父母不是提着脑白金了，而是花几块钱送一个怀旧频道了。

当时，我似乎没有被这种盛世图景打动，因为，据我的人生体验，太好的事情不会轻易落我身上。试想，如果脑白金不要钱，大家还是会送脑白金的。这免费的脑白金就是强大的开路频道。

未来的事情难以预测，8月1日的频道开播已迫在眉睫。为了筹备世界地理频道，我开始查询中央电视台所有的纪录片片库，并去图书馆翻看大量的地理杂志和书籍，撰写频道定位、宣传语、栏目设置、主题编排。那时，没有办公室，讨论频道方案就在我刚装修的房子里。新的房子，新的事业，新的难题，偶尔一丝忐忑，不知道这事能不能天长地久。不过，我有我的定心大法：到哪儿都需要卖力气的吧？

有一天，我的偶像崔永元来了，我紧张得躲在自己的工位里不敢吭气，结果，他还是看见我了，问：你也来了？我说：什么叫“也”？难道你也要来？他说：是啊。

那时，据说孙玉胜要聘请他担任公司艺术总监，小崔本人也一直想做一个专门怀旧的频道。我为此紧张了好久。不过，他最终没来。

那时，央视还有意和国家地理成立合资公司，我赶紧报了新东方学校学英语，好和美国国家地理对话。

新东方学校离我家一个半小时的车程，还老堵车。英语课我有一大半时间在睡觉。后来，由于政策原因，合资一事搁浅。各种热钱和不切实际的幻想开始退烧。后来，陆续有人离开，当年晾果厂开会的人里，就剩下我这个旁听生了。

后来，我慢慢发现，没有人再说我看上去显小了——连假客气都不会了。有时我说自己的一大把年龄，也没有人反驳了——这些人越来越不会聊天了。

十年来，每当我以为生活归于寂静时，就会有一个新的变化降临，比如单频道营销、创收、负责电视指南、开办 3D 频道，不管是成是败，都要像十年前一样，打起十二分精神世界，重新开始。

来来往往的新同事，也在不断刷新我对世界的认识。当我以为 80 后很张狂时，方光秀来了；以为 80 后很幼稚时，范佳奥来了。以为 80 后很娇气时，张婷来了；以为 80 后很自我时，牛红鹤来了。和他们一起工作、学习、开会、聚餐、熬夜、打球、跑步、骑车。他们分掉了我一点阅历，我也分掉一点他们的青春，彼此平衡，浑然不觉相差十几岁，不觉自己在央视风云已度过青春的最后十年。

纳兰容若说：人生若只如初见，何事秋风悲画扇。这是一个多么深刻的感慨，几乎通用于情感、志趣、择业等一切范畴。有缘相聚的人如果一直保持初相识的感觉，就不会有日后的怨与悔了。

我还记得与央视风云初见的心情，有些欣喜，但不至于狂热，我还是，太便宜的事情不会凭空落在我身上；有些忐忑，但也不至于害怕，我妈说得对：哪儿都需要卖力工作的。

这份干了十年的工作仿佛一次长跑，第一圈靠激情，第二圈靠才能，第三圈靠经验，第四圈靠责任，慢慢地，长跑的乐趣开始显现，原来，能够奔跑，本身将就是一种快乐。

那种快乐，恰如我们出生时，与人世初相遇，一颗初心，谛观有情。

44. 平凡的人们让我如此感动

——张炜明

有一个女同事跟我感慨，说在风云这十年，她从一个少女变成了一个妇女，期间的经历无非就是工作、休息、婚姻和一个即将出世的婴儿。平淡的语调之中，有挥之不去的深深遗憾，又有掩饰不住的幸福滋味。

人生就是这样，盼着盼着成年了，上班了，忙碌伴着辛苦，遗憾伴着幸福，一个十年接着一个十年，几个十年过去，前面就快到终点了……十年，如果让你办一个仪式，那么是青春的祭奠，还是成熟的盛宴呢？

世间少有许多人能幸运地做自己喜爱的工作。大多数风云的同事，都是些平凡普通的人，每天所做的工作事务不断地重复，“掐点儿”、做表、送带子、开会……十年如一日。

十年之中，我曾经负责过编播部，那里的技审员，每天盯着监视器纠错，甚至每个星期六也从无休息；我还曾在制作部工作过，那里有大包机房的同事，人歇机不歇，日夜串带子；我也清楚地知道第一剧场的同事们，为了跟美国时间同步，十年以来，每天上夜班，颠倒黑白，只为收录 HBO 传来的节目……我们所做的事情，就是为了维持这十几个频道的正常播出。我们的工作，有什么可圈可点的吗？说实话没有什么；有什么值得挞伐的吗？说实话也没有什么。我觉得大部分风云的人是这样，大部分中国的人也都是这样。

那么，过去的十年就如同幻影般消逝了吗？没有！她留存在我们天天写下的文字间，在记录的数码中，在录制的磁带里，一直在那里；她印刻在我们的生命中，并将永远写在历史的墓碑上，一直在那里，虽然字迹渺小，位置也并不起眼，但是谁又能抹得掉呢？

其实，越平凡，越感动！

2011年秋天，我去日本，有一次在大阪附近的一条高速公路上，我们在一个普通的休息区停下来。那天恰逢台风，天降大雨。可是当我踏入洗手间，发现里边的地板竟然比我家客厅还干净！我看见一个年过七旬的老人，单腿跪在地上，用抹布一直在擦拭他看到的任何一点水渍和泥沙。我被这样一个世界上最不起眼的角落所震撼，此生永不会忘怀。我想，芸芸众生，如果人们都能拥有像这位日本老人一样的工作态度，那么世间还何愁有做不成做不好的事情呢？

当然，我们工作的意义绝不是演戏作秀，也不是为了感动他人。我们工作的意义首先是养家糊口，但更多的意义在于为他人服务，为同事服务，为客户服务，为社会服务。我们工作应得的回报除了金钱之外，更高的体现则是精神上的满足，个人价值的实现。这正是“快乐工作”和“工作快乐”的要旨。孔子说，“巧言令色，鲜仁也”。我喜欢说得少、干得多的人。认真工作的人，懂得带给别人快乐并享受快乐的人，就是没有荒废十年生命的人，就是可爱的人，就是值得尊重的人。或许十年的光阴，我们错过了很多机会，错过了许多人，但是请不要错过工作。

如果将来会有那么一天，无论什么原因，你不得不离开自己那份熟悉的工作，那么需要难过吗？我看大可不必。世界大极了！“阳春召我以烟景，大块假我以文章”。人生还有多少有意思的事情可以想、可以看、可以做呢！那同样是一种快乐的工作。

淡泊以明志，宁静以致远。我没有那么高的境界，从不知道什么才是明志，做成什么样儿才叫致远。我只觉得，每一天，工作着，快乐着，充实着，享受着，一个十年接着一个十年，直至终老死去，此生足矣……

这十年中，我失去了所有祖辈的老人，愿他们安息在天堂；这十年中，我动了一次小手术，身体依然健康。工作与生活，哪里截然分得开呢？请注意，十年——与你相处时间最长的人，不是父母，不是夫妻，不是儿女，而是工作伙伴。所以，我现在最想听到的，是我在文中提到的那位女同事，她的孩子顺利出生的好消息。愿她享受生命，享受幸福……

45. 九　　年

——献给中数传媒十周岁生日

——张晋峰

九，阿拉伯数字里最大的单数，意味着一个顶峰，一个极致，一个轮回的结束，下一个轮回的开始。2004 年 7 月 1 日，我进入中数，至 2013 年 6 月，时光行进了一个完整的九年。2013 年 7 月 1 日，一个普通的周一早晨，我在拥堵的车流中跋山涉水穿越雾霾来到了公司，在打开办公室门的瞬间，开启了新的一天，新的一周，新的一月，同时，也开启了我在中数第十个年头，开启了一段崭新的未来！

在人生走过的 36 个春秋，京门大厦 3 段俨然记录了其中最华丽炫彩的四分之一。第一个九年，我认识了世界；第二个九年，我认识了青春；第三个九年，我认识了明天；第四个九年，在中数的九年，我认识了自己。

人生如戏，当年进入中数的过程也充满了戏剧元素，有偶然、有失落、有努力、有收获。2004 年的春天，我临时身在外地，女朋友在世纪坛游玩时巧遇一个招聘会，人头攒动，热闹异常。挤进去一看，原来是中央电视台成立全资子公司正式进军数字付费电视领域，新公司亟须各类精英。令人兴奋的是，我的专业教育背景、工作经验、技术水平与中数对技术类人才的要求非常匹配，但随后摆在眼前的 3 个现实问题将刚刚的兴奋一扫而光。一是现场若干个巨大的箱子里已是堆积如山的个人简历；二是由于无备而来，未准备任何个人资料；第三个也是最无法逾越的障碍——要求具备北京户口！无奈之下，女朋友简单填了份个人信息登记表，放进了箱子里，这张单薄的纸立刻湮没在数千份精美的简历当中。

一个多月后，当这件事快要被遗忘的时候，我突然接到了参加考试的电话，兴冲冲赶到复兴门，考场外已有近千人在等候！技术类的考题非常专业，涵盖了从模拟电视到数字电视，从基础理论到实践应用；不过这些对于我来说都不在话下，笔试关顺利晋级。之后不久，面试电话如约而至，我向面试官详细介绍了自己的教育背景和工作经验，填补了之前没准备简历的空白，并阐述了对数字电视技术现状和未来发展的个人理解和展望。面试结束后，是一段令人感觉漫长的等待，就在我纠结自己到底是面试表现不佳还是因为户口“硬伤”没有被录取时，日思夜想的铃声响起：我通过了！

在这九年中，我有幸亲历见证了中国数字电视第一集成平台的飞跃发展，以及中国数字付费电视行业的繁荣蓬勃。从模拟到数字，从标清到高清，从直播到点播，从2D到3D，从年销售额300万到4.5亿，从传统有线电视到移动互联网、云计算、大数据时代……我主持实施了中数传媒标清频道首发落地仪式技术实施工作（2004年9月，杭州），以及中国首个高清频道的落地仪式技术实施工作（2005年8月，杭州），参与了台纪录频道和3D试验频道的开播落地相关工作。每每想起这些，都让我倍感荣幸和自豪！

在这九年中，我的足迹随着中数付费频道遍地开花而遍布祖国的大江南北，从黑龙江到海南，从新疆到上海，流淌了无数的汗水，经历了成功、失败、喜悦、悲伤。此一时是地网老总礼敬有加的座上宾，彼一时又成了被地网技术工程师拒之屋外的门下客；此一时是正襟危坐、不苟言笑的甲方，彼一时又是卑躬顺眉、把盏陪笑的乙方；尝遍工作中的酸甜苦辣咸。曾经为了赶制标书方案，我率领团队专门在一个办公室进行封闭式突击，除了工作必要的对外联络，关掉电话，切断网络，从方案提纲、技术审定、讨论定稿，到美工编排、打印装订，三天时间总睡眠不足10小时！曾经为了一个项目合作，我和一位初次见面的总台副台长下飞机后便在晚饭中进行洽谈，然后从饭桌谈到他的办公室，凭借一壶釅茶，到后半夜拟定了双方合作模式，一个口述一个打字，并且用计算器对双方的盈利和分成进行讨价还价，直到合作协议从打印机缓缓而出的时候，天已蒙蒙亮；因为这次比拼智力、体力、耐力，对双方来说都是“史无前例”的商务谈判，我和这位副台长结成了忘年交。

在这九年中，起于成丁弱冠、走过30而立，迈向40不惑，我的人生也发生了重大变化。当年作为一个标准的北漂屌丝，合租着房子，挤着公交地铁，盘算着李嘉诚式的未来。九年弹指一挥间，生活可谓芝麻开花节节高，当年帮我报名的女朋友已成为妻子，从此身在异乡不再孤独；有了调皮可爱的儿子，享受天伦之乐事，感受为人父之重担；有了车子，可以载着全家挡风避雨，向梦想出发；有了房子，在这个繁华喧浮的都市扎下了根，有了自己的专属天地，从此不再漂浮游弋。而李嘉诚却原地止步，因为他始终是全球华人首富。

岁月如梭，过往终成回忆，无论多少荣辱，都随着今天的结束，而变成明天的昨天。在新的起跑线上，我将像九年前一样，勤奋、专注、拼搏、精进。当明天的太阳升起，让理想照进现实！

在中数十周岁生日之际，谨以此拙文，给我，给我们，并致我们终将逝去的青春！

愿我们，青春无悔！祝中数，基业常青！

46. 我和风云这十年

——寻梦　成长　做自己

——张　宁

十年，不是很长却又的确很长。提笔的时候心情莫名的沉重，好像一旦写下去就意味着又一段青春的旅程要告别了。这大概是每一个人都会有的复杂心理：向往着不断地尝试新的，想要一往无前地迈开大步走，但又对过去难以舍弃，即便是过去做得再不好的事情，回想起来也总觉得像是自己的“孩子”一样，看着她一点一滴长大，酸甜苦辣全在其中。

【寻梦】

我觉得在央视风云工作近十年中，有很多的感触。其实我们生活在一个渴望成功的时代，虽然对成功有各种不同的定义，但是每个人似乎都想证明自己能够做到。我也想成功，我也想证明自己，所以当初才会不远千里只身一人来到北京，寻找我最初的梦想。或许是上天特别的关爱，或许是机遇的有意撞击——我感激。感激的不是命运的施舍，而是央视风云这个平台。是它让我与荧屏结缘，是它圆了一个充满幻想和抱负的年轻人的电视梦想。忘不了2004年的那个中秋节，为了迎接开播，我和我的同事们互相“对视”着熬红的双眼，手捧方便面讨论着下一个工作计划，加班到凌晨3点；忘不了2004年的那个十一国庆节，我们的频道成功面向北美地区播出后的由衷欣喜；更忘不了之后加入编播部门与同事们共同奋战这几年来，公司的领导对我们的关心、鼓励与支持。我爱我的事业，我更珍惜我现在所做的工作。

虽然我只是一名普通的责任编辑，但我希望能用我这片微不足道的绿叶为我所珍爱的电视事业，吸收阳光和雨露，为这棵参天大树汲取滴滴营养。因为我心中始终有这样一个信念：是大树赋予了绿叶生命，是电视成就了我的梦想。我觉得，我们公司的每一名员工就像是一个大家庭，所以在公司十周岁生日来临之际，我要祝福我们这个家里面的成员越来越多，关系越来越融洽，也希望我们每一个家庭成员都能为这个家尽自己最大的努力，共同建造我们更加美好的家园！

【成长】

在刚刚来到北京工作的一两年里，曾几何时，我是封闭的。会一个人站在过街天桥上发呆，会关上所有的灯赤裸裸地唱歌。一个人、一座陌生的城市、一群不知道该不该信任的人，一点没错，我就是不能明白生活在北京，忍受她污浊的空气、拥赌的车流和难以言说的寂寞。当初就是因为她让我有了太多的憧憬，才让我离开家乡投入她的怀抱，所以我不想轻易放弃。不是有那么一句著名的话嘛：“开心是一天，不开心也是一天。”干吗要让自己不开心呢，这是一种境界，也是人生的智慧所在。所以，一定要让自己开心，想尽一切办法让自己开心起来，所以在工作之余，我参加了各种与自己工作有关的学习班。经过一段时间的努力之后，不仅提高了业务水平，还结交了很多好朋友，充实了自己的业余生活。那时我才领悟到，即便有时会感到迷茫、孤单甚至很痛苦的时候也要如此，生活永远不可能呈现出完美的面貌，其实，完不完美完全是自己的感觉而已。要想真正地融入一座城市、融入一个工作团队，就必须要学会快乐的工作生活，让自己快乐的成长！

【做自己】

工作十年，曾经有人问起过我：“究竟是什么原因，让你能在一个单位一呆就是十年呢?”是啊，想想自己从当兵、上大学再到只身一人来到北京工作，这种种环境的变化、人的变化，难免会让自己的生活中心摇摆不定，情绪上也难免会起起落落，一会儿意气风发，一会儿颓唐沮丧；一会儿斗志昂扬，一会儿又落魄消沉。归根到底是缺乏固定的人生方向，没有持久的智慧，也没有稳定的力量或自我评价。记得几年前，公司曾经发给每位员工一本史蒂芬·柯维的《高效能人士的七个习惯》，是教我们如何去识别自己的生活中心。他说到最理想的状况还是要以正确的原则为生活中心，由此才能产生高度的安全感、人生方向、智慧和力量，才能使人生更积极、更和谐。当然，我们并非无所不知。我们对正确原则的认识理解往往受限于我们对自己和世界本质的了解，受限于自己的世界观和人生价值观，也受到时下流行的与原则相背离的哲学和理论的影响。但是我们要坚信，这种哲学和理论是不会持久的，虽然它会有“风光”的时候，却难逃被抛弃的命运。其实，在我们的工作生活中也不乏有见解不凡、思想与行为独具一格、坚实稳定的人的存在。这种人正是有着以原则为生活中心的人，他们也必将度过积极而充实的一生。

以上说到的，也正是时下里我们应当严肃思考的问题。史蒂芬·柯维所倡导的七个习惯，实际上是希望用它来浇灌出最高级、最美好、最甘甜的果实——齐心协力，就是把自己、爱人、朋友和同事合而为一；把爱、服务以及诚信的人格作为生活的内容。这并非没有实现的可能，前提是我们要以正确的原则为生活中心，要摆脱以其他因素为生活中心的模式，并跳出不良习惯的“温床”。

说到“七个习惯”，我想起了金庸先生在杭州讲学时曾概括的人生有“七苦”。生、老、病、死为“四苦”，老、病、死自然是苦的，那么生为什么也是一苦呢？金庸说，一个人只要认真地生活，就会遇到许多麻烦与苦恼。此外还有“三苦”，金大侠说得意味深长。一为“冤家会”。有的人生性凶悍奸恶、言词刻薄、工于心计，对这种人避之唯恐不及，偏偏他又是你的同事，或不幸成为你的伴侣，怎么办？你必须忍耐。二为“爱别离”。一个人一生要遇到一个真正倾心相爱的人很不容易，遇到了却要分手，岂不叫人痛彻肺腑？三是“求不得”。你一心想追求的东西（包括金钱、地位、荣誉）尽管费尽心力，却始终是可望而不可及。细细想来，金大侠所归纳的这些苦衷，我们每个人都有可能遇到，因为生活本来就是一杯苦咖啡，香醇中掺杂苦涩。对待人生“七苦”要像“七个习惯”所讲的那样，妙法之一是不要把目标定得太高，要认识到愿望与现实总是有距离的，适可而止是一种理智；再是对自己已经得到的东西，应该好好珍惜。这也正是我为什么会在央视风云工作至今的原因所在吧！

十年，我和央视风云一起走过这段旅程，我们享受着沿途的风景，享受着彼此的陪伴……我想说，与你同行是一种莫大的荣幸！我们怀着一颗感恩的心走过了昨天，我们正以一颗感恩的心书写今天，我们更会用一颗感恩的心迎接未来！

47. 回味十年

——张小亮

时光如水，乃容一切，一晃来到风云十年了！

数十个春秋冬夏的更迭里，我在风云不仅是十年的工作历程，更是对风云十年的情感积淀。第一次到风云面试的情景至今让我记忆犹新。那是2004年12月25日下午，我正在台里做片子，有个同事跑过来跟我说："哎，亮子！京门那新成立的央视风云，是做付费电视的，他们那儿有个剧场正在招人，你去试试吧！"我做完手里的片子，抱着试一试的心态，来到《第一剧场》频道找到了姜涛老师。姜老师在了解完我的基本情况后问："你能上夜班吗？"我说："可以！""那好！从明天开始，你每天下午5点左右来下机房！你要负责制作《热门影院》栏目的播出带！"那时的风云刚刚成立，急需人员，临危受命的我第二天就步入岗位（因为栏目刚刚开始制作，头两个星期只有我一个人负责制作播出带）。但现实的难题随即出现，公司刚刚成立时没有自己的合成机房，因此，我和另一名责编以一个月为周期，轮流下机房。这样，我们就会有一个人连续一个月不分工作日和休息日地在机房干活。而且，由于各种原因，我们的机房安排每个月都会有30天的夜班。困难面前我们没有气馁，仍然干劲十足，仅一年，我们就合成"热门影院"节目播出带2100多盘，合成电影1095部，节目总时长2007.5小时。十年下来，我们合成播出带21000多盘，电影10950部（包括剧集），安全播出时长20070多小时。看着这些数据，感受着在公司建立之初，自己所尽的绵薄之力，辛苦和汗水显得微不足道，心中是无限的满足和自豪感。

曾有人问我，在一个岗位一干就是十年，不厌烦吗？因为热爱所以坚守，人最重要的是内心的安顿，风云十年中，我坚守着自己的心灵港湾，守护着我们公司。《热门影院》栏目第二期播出带就是我做的！2006年，由于工作需要，我和另一名责编在完成“热门影院”节目播出带的制作后，抽出休息时间对十余部国外大片进行了重新剪辑，时长为20分钟；并在《第一剧场》频道白天的节目时段里播出，这就是“电影精选”的节目雏形。十年中，我们不断创新，苦干思辨，只为节目越来越好，公司越来越强！随着运营机制的成熟，栏目内容越来越好，订购用户数越来越多，就像看着自己的孩子在健康成长。欣慰、高兴满溢心间！

工作不仅带给我快乐，更教会了我责任！《热门影院》栏目里播放的都是国外各大电影公司的影片，内容把关至关重要，所以，每时每刻我都提醒自己认真对待，让领导放心！除此之外，作为电视人，要时刻具备预警意识，在每个关键时期，尽职尽责做好工作，2008年中国奥运年，这一年，“5·12”地震、“7·5”事件、奥运会成功举办、十一国庆节……大事件一个接一个，在每一个重要时期，我作为风云的一份子，坚守岗位，连续270天夜班，保证了《热门影院》栏目安全播出1500多小时（平均全年安全播出2100多小时）！这一年，我把家当成了旅馆和食堂！几乎是早上到家就是睡觉，下午起床随便吃口东西就去上班！家人有什么事找我都是电话沟通。现在想起那段经历，有自豪，有亏欠！自豪，我在公司的发展中做出了我应尽的贡献，我无愧岗位；亏欠，我亏欠了家人，在那段时间里，我没有尽到做儿子对父母的孝道，作丈夫对家庭的责任，把家里的大大小小的琐事都交给自己的妻子。然而，如果再给我一次选择，我依然会如此，因为只有具备责任心，生活才有真正的含义和灵魂！

我在坚守中实现自己的价值，这种价值还体现为身为老员工和一位父亲要坚守的一个标准——榜样的力量。2010年，公司领导班子进行了调整。业务量迅速增加；人员队伍迅速壮大。我中心也通过招聘进了不少新人，我开始带徒弟了。在带新人的同时，领导又提出让风云的各个频道走出去的计划，我开始协助姜老师与地网公司对接，做活动方案，这不仅极大地丰富了我的工作内容，也充分地调动了我的工作积极性。这一年，我们家迎来了一位新成员，儿子张博远的到来，给家人带来了无穷乐趣，除了带徒弟，儿子的出生也让我意识到肩上的担子更重了，作为老员工、作为父亲，只有加倍努力，取得成绩，才能树立榜样！

公司是个大家庭，倡导快乐工作、快乐生活，关心每位员工的生活。2012 年 6 月，一位同事得了急性白血病，作为一名党员，在得知消息后，我第一时间为他献血 520 毫升。同事的病情稳定下来，公司的关怀备至，让我们感受到温暖，我也为自己的微薄奉献而自豪！可生命易逝，8 月下旬，我父亲突发心脏病离开了我们。家人万分悲痛，部门领导得知后，第一时间赶到我家慰问；公司领导得知后，也给予了我许多支持和鼓励！我妈在一次聊天中跟我说："小亮，有这么好的领导，这么温馨的集体，你一定要好好工作，不能给公司领导添麻烦，不要辜负了领导对你的期望。"是啊，温暖的集体，兄弟姐妹般的同事，在如此好的工作氛围中，我有什么理由不奋进？

作为一名党员，每次开党会时，我都会带上相机，记录下这些庄严时刻。我还积极推荐优秀员工向党组织靠拢，我推荐的何宇已经在公司的第三党支部加入了中国共产党，成为一名光荣的共产党党员。我还是我们部门王向群主任的入党介绍人。工作闲暇之余，我还指导过其他部门的同事如何写入党申请书。鼓励他们积极参加党支部组织的学习活动，积极向党组织靠拢。十年中，我坚守岗位，陪伴公司成长，公司同样给予我肯定，先后被评为央视风云"数字先锋"、总公司"先进个人"、台级"精神文明先进个人"。每一次的荣誉都是同事对我的信任，部门领导对我的认可，公司领导对我的鼓励。公司领导说我们都是公司的主人，公司的发展需要我们员工团结起来一起去建设。所谓“人心齐，泰山移”，一己之力微不足道，但只要心向一处，共同努力，就会产生令人震撼的力量，公司的发展强大是我们每个人努力的结果。

岁月转瞬即逝，在品味承转流变的时光中，我从一个20来岁的小伙变成了公司老员工。记忆中的十年，回味中的十年！有人说，生活就像电视里的直播节目，播完也就完了。可要青春无悔，岁月有痕，才算真正走过，感受过！所以，下一个十年直播，每一个十年直播，我都会快乐生活！快乐工作！用行动践行诺言，与公司共同成长！

对了，还有一句要说：有困难，找小亮！竭尽全力来帮你！（至少这句话在办公室流行过）

48. 我的风云十年

——郑国彤

因为写这篇文章，这两天我又翻开了这十年来在风云工作和我参加过的篮球、唱歌、跳绳、羽毛球、扑克、台球比赛以及年会等活动的照片。看到那些当年稚嫩的我和同事们，心中百感交集，没想到这么快就已经在风云奋斗十年了。回想一下，十年了，当年那么多并肩奋斗的兄弟姐妹，如今很多已经离开，正所谓“聚是一团烈火，散去满天星光”；十年了，当年的毛头小伙、青春萝莉，如今也都为人父母，当爹当妈了；十年了，当年几乎无人知晓的风云公司如今的名气也是遍布神州、家喻户晓。十年，我们进取！十年，我们奋斗！十年，我们坚持！

2004 年，初到公司，来到我憧憬的技术制作中心的前身——制作包装部。还记得一进制作部的大屋，首先第一感觉就是昏暗的灯光，眼前两排电脑，心中暗想：“这不是个网吧吗?”等再定睛一看，墙上的精致海报呈现着公司制作包装的精品；低头是仿钢板的地面——很酷；电脑前工作的同事们看起来就是那么专业，认真中透着愉悦和灵气；正面的墙上挂着一个等离子电视，里面跳动着国外时尚的电视节目，色彩缤纷，隐约中也能听到屏幕中音乐的律动。至此，一股清新、生气勃勃的空气扑面而来，这种工作环境自由而写意。我想，在这里制作片子肯定有更多的灵感和激情。我真的很喜欢这里！

记得到公司报到的第一天，还没来得及去人事部办手续，就接到一个宣传片的任务，充满激情的我就这样在风云公司开始了工作。由于来风云之前我已经在多家影视公司打拼，所以在短时间的磨合后，我很快就融入了这个充满活力和激情的团队。自己制作的片子也迅速与各频道的制作风格相匹配，感觉得心应手。于是，我开始与"混熟"了的兄弟姐妹们学习交流制作技巧和经验，吃饭休息时"扯扯闲篇儿"，下班后一起尽情享受生活。我们就像一个大家庭，工作、生活，不亦乐乎！

人都是有梦想，有追求的，在这里也不例外。大家为了一个共同的梦想日夜奋战在各自的岗位上，"兢兢业业"、"一丝不苟"、"全力以赴"。在自己的不断努力下，很快，我终于成为制作部的制作骨干，迎接更重要的工作和挑战。2006 年，在制作部领导和同事们的帮助下，我为《怀旧剧场》频道制作的宣传片获得了领导们的一致好评，被评为当年最佳剪辑。这一成绩深深鼓励了我，让我的工作更上一层楼。之后，我学习了一些新的制作技术和方法，不断地尝试着自己不着边际的灵感。创作有多快乐，我就有多快乐！

2009 年，记忆太深刻了！我们为一个将要形成的新栏目制作样片。从中央台主任、制片人、编导和我们制作人员，大家都不知道这个栏目应该是一个什么样子。我们就凭着多年的经验和创造力精诚合作，连续紧张工作了 40 多个小时没有合眼，连厕所都没怎么去，愣是在素材匮乏的情况下把第一期样片在规定时间前赶了出来。台里各级领导经过审片后，一致表示肯定。我们的拼命终于没有白费，中央台一个新的新闻专题栏目《深度国际》诞生了！根本没有喜悦，没有庆祝，第一期节目开播日期已经定下了，时间极其紧迫。于是，我们一组兄弟姐妹又连续工作了 40 多个小时，制作出第一期节目。是的，终于顺利开播了！

经历了艰苦的第一步，我们充满了信心。因为是周播节目，制作流程必须稳定而高效。我们不断调整着工作的各个环节，力求保质保量。终于，经过几个月的磨合，我们的栏目就步入了正轨。由于工作出色，我也终于连续两年被评为先进员工，这一份荣誉真的来之不易。

但是，我们也没有就此放松。在台领导的指导下，我们逐渐调整栏目的形式和导向。在保证节目质量的同时，不断增强时效性，把节目的“新”和“深”进一步增强。这可不是说说那么简单。这要求我们的工作效率成倍增加，而其中所有环节不能有任何拖沓和失误。紧张！坚持！再坚持！不知道还能用什么词汇来形容了。终于我们又“熬”过来了，而且收视率节节高升。并且在2012年台内评比，我们的栏目已经跻身全台前20名。此时，心中的滋味难以言语。是高兴、喜悦？是成就感？是辛苦、牢骚？坚持着！我们依然会坚持着！

近两年，公司的业务不断扩大，比如3D频道的开播。所以公司新来了很多新同事和实习生。我除了完成既定的任务，还经常给一些新人做培训，也希望把自己积累的一点点经验与他们分享。从这种交流中，我也体会到汲取和分享是同样快乐的。同样，他们的朝气和激情也让我想起初来公司时我的那股冲劲，这也更加激励着现在的我。

十年了，有些朋友问我为什么还在收费电视这里坚持，不像其他的人那样回去做传统电视。我认为，收费电视是必然的发展趋势，而我们的公司是全国最大，覆盖面最广，市场占有率有绝对优势的。如果我们不做收费电视，中国就没有收费电视了。我是和它一起开始的，我就不会停止！

十年，给了我们很多感动！十年，给了我们很多启发！十年，还要给我们更多！来吧！新的十年！

49. 写在中数十年

——张　莹

时光如梭，不经意间让十年的时间带走了青春，带走了稚嫩和年少无知；十年的荏苒，数字付费电视行业的起步和发展，羽翼渐丰、逐渐壮大，付费频道从无到有，而数字电视用户从当年的十几万户到今日总量过亿。而中数的发展，始终和广播电视数字化发展、与有线电视网络的发展息息相关。2003 年 9 月，我加入心向往已久的公司，成为一名“新媒体”行业从业人员，欣喜和好奇、兴奋和忐忑充满了我的内心，此前，我是体育频道的一名记者。从那一天到现在，中数成为一个心中的标记一种归属，一眨眼就过了十年，而我作为中数十年的亲历者，借此机会回顾一路走来的感动与艰辛。

初见……

那些洒在办公区的阳光，一如昨日般温暖，那些流水账，也像珍宝般被珍藏。

2003 年 9 月，中数得到国家工商总局的批复，挂牌成立。成立之初由李健任代理总裁，时任广告中心副主任郑加强则代为执行总经理的职责。在台领导的密切关注下，短短数月先后与当时的四川省网、上海东方有线、重庆有线和贵州省网建立了合作，被称为“4 +1”模式。2004 年 1 月 1 日，“城市体育”等几个数字电视频道开始试播出，揭开了中国数字电视频道发展的新篇章。不久，也从成立之初的节目公司“中央数字电视节目有限公司”更名“中数传媒”。

2 月份春节刚过，中数迎来了第一任正式总经理。那天，由时任台长赵化勇——也是中数传媒董事长，亲自带着孙玉胜总裁来到中数，宣布由其正式出任中数传媒总裁。这在当时对全中国的广播电视从业者都是一个极大的震撼，孙总的到来，给当时数字电视的发展注入一针强心剂。这个改变了中国人早上不看电视习惯的电视人，让业界内外充满了期待与关注。

"如果说把阻碍数字电视的发展的困难比喻成一条河，免费电视让这条河变得更宽，而盗版则让这条河变得更深"。数年后，孙总在上任几个月对媒体所说的这段话中提到的困难依然存在，而市场环境并没有得到更好的改善。尽管困难重重，发展的脚步依然在不断加速。很快，2004 年 5 月，央视风云成立。7 月，中数实现业务发展"破冰之旅"，中数的合作伙伴突破 21 家。这在当时，实在是了不起的壮举，因为从两级 CA 的技术模式在"4 + 1"之后遇到了较大的市场阻力。甚至直接影响了广电总局的政策，中数从全国独家到"第一家"，垄断还未开始便已结束。此后，这种阻力尽管依然存在，却在节目和市场的强势推动下被地网所接受，但随着时间的推移，两级 CA 的模式不断出现问题，以致阻碍了市场的发展，从始至终，几家节目平台也唯有中数采取两级加密政策。

快速发展的昨天

2005 年 6 月，对中数来说是翻开一页新的篇章。怀着对孙总的不舍，初具规模的付费频道市场，迎来新的掌舵者——沈向军任中数传媒总经理兼任中国有线总经理。至此，中数已经初具市场规模，打造着中央数字电视产业集群这艘大船，在行业中和有线网络公司的影响力和号召力达到空前高涨，所有的一切，都在预示着中数发展的快速和坚定。2006 年 1 月，借助世界杯高清播出的契机，全国第一个高清频道 CCTV《高清影视》开播。在此之前，已经过数月艰苦的商务谈判，与 4 家电视机厂家达成合作，实现产业发展的一个新阶段。高清频道的市场化推广强势而高效，给公司创造过亿的收入。但是，最终并没有得到最大化的效果，由于高清机顶盒的不够普及，无法短时间实现批量生产，再加上高价策略的争议，用户量并没有达到预期的发展，并在争议中收场。无论结果如何，这都拉开了一场关于电视产业革命的序幕。高清在短短几年后，成为广电行业对抗 IPTV 和互联网电视的利器。同年 6 月，由时任央视风云总经理王焰出任中数总经理。

几年的时光，中数发展在圈内一直以“第一平台”的角色出现。我始终认为，个人的成长在大环境中与公司事业的稳步发展息息相关。我从一个初入职场的新人，在不断的磨炼中与公司共同成长，我将自己的一腔热忱奉献给公司，公司回报我个人不断的进步，而我则为公司的发展壮大感到骄傲。出差在外，一个中数人在客户那里得到比其他节目商更多的尊重。

厚积薄发

2006 年到今天，中数一直在维持着原有的公司结构和产品结构。三网融合的大环境让广电和电信两大阵营正面角逐，有线网们在成为“运营商”的道路上依然处在“蹒跚学步”的状态。2011 年 8 月，刘保平总经理的到来，让我们从一场关于公司战略发展的大讨论开始，重新思考公司的发展之路。3D 实验频道的开播，让人们的目光重新回到数字电视、回到中数身上。或许还不够成熟，还不够健壮，但我们依然迈出了坚实一步。虽然，我们在产品转型和渠道拓展的脚步依然不够稳健和坚定，但是路就在前方。我们把期许的目光，看向中数的未来，我们在高清转型和产品多元化的设计不断积蓄力量。也许会走得跌跌撞撞，也许会遇到荆棘满布，但是坚定的心，依然把坚定烙刻在中数人的身上。

我们生在互联网时代，十年带来了太多的不一样。一场接一场的变革，如旋风般在短短的几年内席卷整个时代。我们的竞争对手也在发生变化，眼下早已不是几大平台间的较量；传统媒体和新媒体间的界定也在不断淡化，不变的是一切都在拥抱互联网。而我们，在路上……

50. 我们的未来不是梦

——中数十年

——张晶海

“我知道我的未来不是梦，我认真的过每一分钟；我的未来不是梦，我的心跟着希望在动……”一首耳熟能详的经典老歌每次在耳边响起，都会让我心潮澎湃。这首歌作为中数传媒创业之初的奠基之歌，记载了太多太多中数人艰辛的创业史，那些人、那些事，尽在一首歌中。

2004 年 6 月，带着对数字电视的热爱及希望，我加盟了中数传媒，那一年，中数传媒刚刚成立中央数字电视集成平台不到一年，孙玉胜总裁在写完《十年：从改变电视的语态开始》经典的著作后，带着对数字电视的希望，带领中数人开始艰辛的创业；那一年，电视领域正在发生翻天覆地的数字化变革；那个时间，QQ 小巨人刚刚在香港创业板上市，成为中国互联网行业第一个上市的公司，全年营业收入在 7 亿元人民币左右；那一年，我拿着滑动式的三星手机，为能用手机拍照和发短信而沾沾自喜。

电视行业在计算机技术高度发展带动下走进了模拟电视的暮年，开始迎接数字电视初升的阳光。在数字电视行业发展的初级阶段，专业频道节目资源的匮乏使中数传媒站在了数字电视内容提供商的风口浪尖上，中数传媒作为国内电视行业龙头央视的下属公司，勇敢地承担了电视人继续创新发展的重任，虽然那条路可能是荆棘遍布，可能是惊涛巨浪，但是中数人还是带着希望开始迎接新的挑战。很荣幸，那一时刻，我成为中数人。

一年之计在于春，中数创业之初，忙于植土，忙于播种。在那段时间里，中数人带着“让观众心甘情愿选择我们的专业频道”的豪言壮语，带着“引领中国付费电视发展先驱”的重任，率先在全国开展数字付费电视业务。搭建技术平台、采用两级 CA 加密方式和地网对接、营销推广、销售攻城略地、技术人员全国四处奔波……每个中数人忙得不亦乐乎，目的只有一个，尽快让全国各地观众享受专业化的数字频道新生活。那个时候，汗水、成就感、幸福感掺杂在一起，伴随着每一个中数人的生活。

我在 2001 年开始接触数字电视，一干上这个行业就被深深地吸引住，模拟转化成数字，技术上碰到过很多各种各样以前从来没有碰到过的问题，我像个小学生一样，每去处理一个问题都要不断地学习和请教，让自己在处理问题中不断增长数字电视的新知识。加盟中数后，更是在数字电视的海洋里徜徉，中数在创业之初采用的两级 CA 对接方式，需要获得地网技术系统的认可和支持，中数的技术力量发挥了关键作用，通过和地网技术骨干的沟通和讲解，通过大量的现场的技术支持服务，使得中数的付费频道节目传入千家万户的电视机荧屏上面。在广电领域开始进行数字化整转过程中，中数的付费频道为各地网络公司提供了丰富的节目源，那种自豪感和成就感每时每刻冲击着我们的心灵。

中数创业的第一个年终总结会上，当孙总宣布中数全年的工作总结时，会场中响起了那首“我的未来不是梦”的主旋律，孙总通过这首歌告诉我们，数字电视事业路还很漫长，但是我们一定要记着我们的责任感和使命感，要向歌中唱的那样，默默辛苦的工作。从那一刻起，我的脑海中就牢牢记住了孙总的讲话和这首歌，在后来的工作中，当我读完孙总的那篇著作，我更深深地被当年孙总的讲话感动。也就是从那一刻起，我知道了中数人中有很多当时已经很资深的成功电视人，他们和孙总一起来为中数的未来打拼，很多只能在电视中见到的电视人就在我们的身边挥汗如雨。杨继红大波波还有个娃，当年最经典的短视频中的经典人物就在我们的身边，为中数的未来、为中国数字电视的未来出谋划策；谭湘江、何绍伟、魏驱虎……还有当年经常被孙总“毙”掉节目，看上去怯怯的但今天已经是风云节目制作统筹大局的周文飞，那些当年成功创办《焦点访谈》的英雄人物，虽然很多都为了更高的事业使命离开了中数，但他们为中数奠基的汗水永远凝结在了中数的丰碑上，他们的名字永远印在了中国数字付费电视发展的丰碑上。

中国的国情决定了中国数字付费电视发展的道路并不是一条阳光大道，中数人在这条路上艰难地前行着，每年工作总结时，付费用户的增长、经营收入的增长、员工收入的增长，都饱含着中数人的心血。但是，为了那个当年奠基者的目标和梦想，中数人责无旁贷。而这期间，电视行业的数字化发展正面临着互联网视频技术高速发展带来的冲击，越来越多的时尚的电视观众开始慢慢转向互联网的海量视频，数字电视的用户逐渐开始流失，一场屏幕争夺战开始硝烟弥漫。调整业务模式、增加精品栏目、标清高清节目转换……中数人艰难地打着一场攻坚战，尽管这场战役还很漫长，尽管战场的形势还很不明朗，但战争的胜利永远属于那些勇敢的人。

十年，中数艰辛地前行着；十年，中数人已经开始两鬓斑白；十年，中数人已经孕育了下一代；十年，中数人准备开始迎接更大的挑战；十年，当年的小企鹅已经成为国内互联网的巨无霸，年收入已经近千亿；十年，我的手机已经是能够享受互联网电视的智能手机。这十年，我们回头望去，虽然中数还在发展期，但我们必须向过去的十年脱帽致礼，因为我们为了那个梦想，我们付出了。

腾讯老总马化腾曾说过：“在中国的土地上，每一天都诞生着商业奇迹，但我想所有的奇迹背后都离不开坚韧、专注和梦想。执著地做好一件正确的事，收获就会源源而来。”只要我们有信念，只要我们有梦想，只要我们坚持，中数也会成长为数字电视行业的一个巨人。

“我知道我的未来不是梦，我认真的过每一分钟……”，当我们感到劳累、委屈、无奈、深入骨髓的乏力时，让我们一起来唱这首歌，我们知道，实现梦想的路依旧漫长和艰辛，但是，我们的未来不是梦，中数人的未来不是梦。十年，我们曾经一起走过，十年，我们的梦想依旧。

51. 风云·3D·第一年

——张　舟

这是我来风云刚刚度过的第一个年头。

在写这篇文字之前，我一直在思考，央视风云十周年，付费电视究竟给了我们、给广大的电视观众带来了什么？而我加入风云才一年多，这一年多，是否能映射整个付费电视发展的历程呢？或许现在还不是讨论的时候，但是，当您翻开这篇文字，浏览完以下的3个故事之后，心里不知会作何感想。

前面两个故事很短。

2012年，3D频道成立，我5月加入这个团队，目睹着它一切的发展。2012年6月到7月，3D频道承担了2012年欧洲杯的全程3D直播，31场比赛，一场不落地奉献给了球迷。这在3D史上是第一次。3D频道在赛后奉献出近乎一个小时的欧洲杯纪录片《绽放欧洲》。这样完整的赛程纪录，就连开路频道也没能在短时间内做出来，而身在风云的3D频道做到了。

2012年7月到8月，国内首次3D奥运直播在新台进行。半个月的日夜连轴转，让中国人第一次看到了3D的奥运。赛后，纪录片《会聚伦敦》迅速出炉，用长达51分钟的影片回顾了伦敦奥运的整体历程，影片最后获得年度评奖“评委会推荐大奖”。

这两个故事，对于一个刚刚成立不久的频道来说，是很不容易的。讲这两个故事，是想让大家知道：这似乎是中国付费电视发展的缩影——在付费频道，有很多奇迹。

第三个故事，我想打动大家的感情。这个故事很长。

从2012年10月到2013年2月，在所有人都说3D不适合做纪录的时候，3D频道揽下了2013春晚3D纪录片的工作。历经四月，辛苦自知。

南舞的故事是我最想讲的。看完这个故事，你或许会觉得，在3D频道，在风云，付费频道所接触的内容影响到你的，将是你一生受用的。

《剪花花》是2013年春晚上由南方舞校表演的儿童创意舞蹈节目。它是导演组从网络淘来的节目。我们的纪录片中对于南舞故事的展现，只有不到半集的内容，15分钟。15分钟不短，但是对观众来说，也许并不能了解完所有关于南舞的故事。

2012年11月，我们的纪录片摄制组第一次去到了东莞，接触到了这帮在网民口中被称为奇迹的孩子们。

对南方舞校孩子们的第一印象，便是礼貌。11月23日，我们到达东莞，在学校教学楼的走廊里像家长一样转转。孩子们见到我们总是很亲切地叫着："老师好！"训练有素和伶俐可爱，在这些十几岁的孩子中展现得淋漓尽致。后来我们才知道，军事化管理是这家舞蹈学校的特点。然而，尽管此刻的她们还兴高采烈，但几天之后，她们将面对人生中可能是最大的机会、也可能是不小的遗憾，那便是进京参加春晚排练的选拔。

11月26日，选拔将进行。在此之前，孩子们的选拔已经经历了4次，几天之后，这些学生将再次面临选拔。南舞教师对我们纪录片摄制组说："有的孩子听说还要选拔就已经哭了。"

这是我们没有想到的。她们才十几岁啊！最小的不到10岁，选拔还未开始，她们就已经有了不小的压力。回想我们自己，是否每一个人从10岁开始，甚至更小，就已经被"选拔"压得喘不过气了呢？选拔，是蛇年春晚纪录片第一集《美丽变形记》里我们提到过的一个关键词。这样一个词，不仅是31年春晚节目和演员找寻的关键词，也是任何一台晚会、任何一个优秀人才获得途径的关键词。这样一个不带任何感情色彩的词汇，放在这群未谙世事的孩子们身上，不知道感觉是残酷，还是无奈。

作为央视风云、3D 频道的一员，能目睹这样的场景，能给观众呈现这样的场景，我们觉得特别的宝贵。

在南方舞校，孩子们的生活很简单，她们特别容易满足和快乐。从小离家，很多孩子都是抱着学习舞蹈的理想踏进这所学校，踏进了远离家乡的城市。南舞面向全国招生，这里的学生来自全国各地。这对一所中专来说是不容易的。孩子们的生活，每天便是专业课、文化课、食堂、操场和宿舍。平时几乎不让走出校门，周末老师们会带这些孩子上街逛逛，而逛街的内容，也常常只有几个地方——超市，或公园。但是，跟孩子们聊天，你却无处不感觉到她们的简单和快乐。还没有开始选拔，就早已经准备好了去北京的衣物，还没有放寒假，便想好了春节后回家见到父母要跟她们炫耀自己上春晚了。但是，她们，究竟谁能选上这样一台有着十几亿电视观众的晚会呢？就算去了北京，经过层层审查之后，她们又是否能走到最后呢？

我们很真实地纪录下了孩子们准备去北京的衣物的场景，这样的场景，在我看来，很有一点悲情。因为我也不知道，在面前开开心心的这些孩子，几天之后，是否还能高兴地说要通知父母自己能去北京了。我也不知道，哪些孩子，会遗憾地独自再回到这个宿舍，收拾早已准备好去北京的东西。这样的场景对我来说，永生难忘。

在南舞的教学楼一层，有一条走廊。走廊下整齐地安装着十几部公用电话。南舞的孩子们不让用手机，老师们每周会有固定的时间让孩子们用这些座机给远在家乡的父母打电话报平安。谁也不知道，这里每周会有多少想念和喜悦的消息通过电缆被传达出去，谁也不知道，谁能最后在这里打电话告诉父母，自己，被选上春晚了。

对纪录片创作者来说，这样的难以预料，是值得欣喜的，因为它让故事有了情节。有了高潮的预期。但是，在春晚这样一个喜庆的气氛下，孩子们却要面对选拔残酷的悲情。此刻的气氛，有些无奈。

26 日，选拔举行。我们全程进行了纪录。孩子们小小的失误，都将得不到进京排练的门票。很多孩子刚展示完，便坐到场地边上开始抹眼泪。她们，知道自己也许即将无缘春晚。也有很多孩子，一脸天真地望着老师和我们，静静地等待选拔的结果，她们并不紧张，也不着急，也不为结果担心，她们也许并不知道此次选拔的意义，也许并不知道春晚对于自己舞蹈生涯的意义。

结果宣布了。

你无法想象几十个孩子涌入走廊争抢电话打给自己父母的场景。你更无法面对，那些昨天还嚷着要我们带她们在北京逛街的孩子们，今天被刷下去之后，在选拔厅外大哭的场景。谁会知道，这个日子，在她们今后的记忆中，回忆起来将是一段怎样的情绪呢？

——这是第三个故事。

如果你不从事付费电视这个行业，如果你不在央视风云，如果你不在 3D 频道，甚至如果没有付费频道，也许你并不会知道，很多事情的背后，居然有这样让人感慨的场景。

“凡音之起，由人心生也。人心之动，物使之然也。感于物而动，故形于声。”付费频道带给观众的，是一种情感，是一种探究社会另一面的可能。央视风云提供了这种可能。

央视风云即将十年，一切祝好。

52. 在中数传媒做销售的日子

——张　尧

2006 年年底我来到中数传媒做销售，不知不觉已六年有余。由于本人是工商管理营销方向专业毕业，之前，对于销售这个职业一直嗤之以鼻，可老天偏偏要与我作对，到了中数竟然鬼使神差地做了销售，当时的我，只能硬着头皮抱着试试的心态去做了，可这一试，却是整整的六年有余，回想一路的各种片段，种种经历就像一幕幕电影在眼前不断浮现……

【2007 年合肥】

第一次做销售是被分到安徽，碰上了一个号称全国酒量最大、说话最难听的老总，没办法，也只能硬着头皮往前冲。在打电话之前，脑子里面闪现了很多版本的结局，最后却出现了一个我意想不到的结局，我打电话给这位老板，他说你一个人来呀，我说是的。他立即很快地回应我说，你这是单刀赴会么？我没有说什么，只记得对他说了您什么时候有时间，我去吧。去了之后，合同续约金额一下子从 70 万元涨到了 100 万元，谈完之后，我自己都不敢相信有那么大的涨幅。如果从事情的合理性来分析的话，其实也谈不出什么所以然，但是，在当时市场背景下，中数传媒的付费频道确实是有线电视整体转换的衣食父母。此事给我的经验就是以后面对更多困难时，提醒自己要勇敢而坦然地面对，而不是唯唯诺诺地去逃避。

【2008 年湖南谈判】

如果说过山车能让人体会到一种感官上、心理上的刺激，我想说谈判其实也是一个体会过山车的过程，只不过这种刺激是体现在心理上，特别是在谈判陷入僵局之中的时候，更是考验双方的耐力与韧性。2008年，中数传媒经历了一次人事变动，我由负责安徽 个地方变为负责湖南、湖北。当时，湖南是一个空白市场，公司也特地把此地列为“拔钉子工程”中的重点关照对象。从三伏的头伏天开始，我在长沙这个“大火炉”住了15天，每天都与对方从上到下的相关人员在不断地沟通。对方对合同条款的苛刻、对数字付费频道的负面评价以及电视强省的自傲，让我一次次地感觉就像坐过山车一样，从开始对方愿意合作到对方接受产品，最后终于同意落地合作的现实，让我实实在在地感受到了这种感觉。自与湖南市场合作之后，也让我感受到合同的谈判需要持续沟通，但更多是双方的一种心理较量。

人只有正确地面对自己，才能够不断地积累与进步。回想这些年在中数做销售的日子，经历的事情和困难也不止上面这些，心里面虽然有种像打翻五味瓶一样的感觉，但这种感觉能促使我保持清醒，不断地往公司和个人的目标前行。在中数成立十年之际，我想说，选择了中数，我没有后悔！

附录：大事记

1. 中数传媒十年大事记

2003

2003 年 9 月，中央数字电视节目有限公司（“中数传媒”前身）成立，2003 年 10 月 28 日，中央数字电视传媒有限公司（简称“中数传媒”）正式成立，是经国家广播电影电视总局批准，由中央电视台和中国国际电视总公司投资组建的国内第一家数字付费电视运营平台，是我国第一家覆盖全国范围、从事数字付费电视集成、技术支持及代理销售业务的运营机构。

2003 年年底，中数平台集成频道数达到 5 个。

2004

2004 年 1 月 1 日，中数传媒完成和四川、重庆、贵州及上海网络公司的对接，“双 CA”模式在中国付费电视领域首次亮相。

2004 年 6 月，中数传媒在北京京门大厦正式挂牌。

2004 年 6 月 8 日，由中数传媒创办运营的“中国电视网”上线，它是国内首家专业宣传推广数字付费电视的网站，并迅速发展成为中国数字付费电视行业的“门户网站”。

2004 年 6 月 21 日，中数传媒和 17 家地方网络公司签约，迈出了数字付费电视抢滩有线用户市场的一大步，越来越多的电视用户开始与数字电视亲密接触。

2004年9月1日，中数传媒正式启动中国数字付费电视产业链，其主张的“5:4:1”分成模式得到广泛认可，中数传媒所做出的积极探索为中国数字电视的发展奠定了良好的基础。

2004年年底，中数平台集成频道数达到14个，签约的有线电视网络公司数达到80个。

2005

2005年1月，央视付费电视用户突破10万户，在多个平台平等竞争中，央视付费电视依靠内容脱颖而出，以绝对优势赢得国内付费电视市场95%的收视费份额。

2005年4月，中央数字电视平台集成的付费频道第一次分账。

2005年9月1日，中国第一个高清频道——央视《高清影视》频道在杭州试播并开始销售，标志着中国数字电视产业又迈出了新的一步。

2005年年底，中数平台集成频道总数达到35个，签约的有线电视网络公司数达到117个。

2006

2006年11月22日，中数传媒通过中央数字电视集成平台SMS系统管理的两级CA用户数突破100万。

2006年年底，中数平台集成频道总数达到43个，签约的有线电视网络公司数达到135个，是全国频道数量最多、规模最大、合作伙伴最多的集成平台。

2007

2007年1月10日，重庆、厦门、淄博等地的第一批“央视尊贵之旅”的幸运观众来到北京，中数传媒的“整合互惠”营销理念，取得初步成果。

2007 年 1 月 15 日，中数传媒主办的“中国数字电视峰会”在海南三亚隆重举行，互惠与发展成为大会的主题。

2007 年 2 月 17 日，赵化勇台长及台分党组成员一行视察中数平台，赵化勇台长指出：中数传媒是中央电视台经营系统不可分割的有机组成部分，是台产业结构中举足轻重的环节。

2007 年 3 月，针对中数传媒主要的销售渠道——各地有线电视网络公司，其市场营销能力差别较大，对付费电视频道了解不足的情况，中数传媒根据渠道的特点及付费频道的卖点建立起一套针对性较强的渠道培训体系。

2007 年 4 月，为了突破重点地区以及拓宽销售渠道，促进付费电视概念的普及和用户的发展，中数传媒设计了多种付费频道销售的代理商模式，其中几种模式已经在实践中成功应用，并取得了较好的效果。

2007 年 4 月，中数传媒开始推行全员绩效考核制度，有效地激活了经营局面，调动了员工的工作积极性，推动公司管理更加科学化。

2007 年 8 月 1 日，中数平台付费频道由“亚洲四号”卫星转至“中星 6B”卫星进行传输。

2007 年 12 月 18 日，中数传媒在西双版纳成功举办“创意新电视——2008 年数字电视发展高峰论坛”，中数传媒提出的“整合资源、互惠营销、服务于民、造福社会”的企业愿景得到与会者一致认同。

2007 年，中数传媒包揽了全国收视 90% 以上的市场份额，集成了 41 个数字付费频道，签约 160 余家地方网络公司，覆盖了 7000 万有线电视用户和 1750 万数字电视用户，拥有在线付费用户数总和达 411 万户，持续保持着集成频道数第一、合作网络公司数第一、在线付费用户数第一的全国市场领先地位。

2008

2008年，中数传媒全面规范人力资源制度、行政办公流程、合同管理流程、行文报批流程、业务授权流程，制订了一系列公司管理制度，规范企业的管理。

2008年4月16日，中数传媒与北京歌华有线签署数字付费电视频道合作协议，双方共同开拓北京的数字付费电视市场。

2008年5月，四川汶川大地震发生之际，中数传媒紧急制订应急预案，确保所有频道的播出内容和传输信号符合要求，公司应对突发事件的保障体系初步建立。

2008年9月，中数传媒公司质量管理体系通过了ISO9001：2000标准认证，并获得相关证书。

2008年9月26日，国家广播电影电视总局安全播出调度中心、中数传媒，联合召开“数字付费电视频道安全播出工作会议”，与国内39家付费电视频道商、中国有线等单位，共同研究提高付费电视安全播出水平的相关举措。

2008年年底，中数传媒集成付费频道41个，签约网络公司数198个，中数传媒用了五年时间实现了除港澳台外的全国覆盖销售。

2009

2009年6月，中数传媒设立法律事务部，进一步规范合同管理流程，更好地实现和维护了公司的合法权益。

2009年6月到7月，中数传媒与重庆有线共同举办了“数字电视嘉年华”活动；与杭州华数联合举办了“央视尊贵之旅第四季——北京文化之旅”活动，开创了新的营销模式。

2009年9月21日凌晨，中数传媒配合台播送中心完成了CCTV－1高清频道加密传输工作，为国庆60周年CCTV－1高清频道开播做好了技术准备。

2009年10月28日，国家广播电影电视总局向中数传媒颁发了“国庆六十周年安全播出先进集体”奖，以表彰公司国庆安全播出保障工作中的突出成绩。

2009年11月7日，中国广播电视协会数字付费频道工作委员会成立，中数传媒作为付费频道工作委员会的发起单位之一，对付费频道工作委员会的筹备、成立起到重要作用，并被推举为工作委员会常务副会长单位。

2009年12月15日，中数传媒在电子工业出版社、中国通信学会等单位联合主办的第四届“中国卫星应用产业优秀企业”评选活动中，获得“中国卫星应用产业优秀企业”称号，成为广电行业唯一获奖单位。

2009年年底，中数平台共集成付费电视频道45个，付费广播频率24套。

2010

2010年5月26日，中数传媒在张家界成功举办“2010年付费电视高峰论坛”，论坛围绕“学习、开拓、创新”主题，着重探讨了当前付费电视的形势和发展，来自全国各地的数十家付费电视频道，充分交流经验，共享行业资源，努力推进付费电视进一步发展。

2010年6月，中数传媒组织召开“第一届数字付费电视销售先锋群英会”，这是业内第一次全国性营销交流大会，共有57个网络公司121人参会。

2010年6月底，中数传媒进一步提出了清产核资的要求，这次清产核资是公司成立六年来规模最大、清理最彻底的一次，让公司对现有资产做到了心中有数。

2010年10月，中数传媒对行政办公管理制度、人力资源管理制度、财务会计管理制度重新修订，并汇编成册，进一步完善了现代企业制度建设，体现了公司管理逐步正规化、科学化。

2010 年 10 月，《第一剧场》频道在全国 7 个重点地网推出大型有奖促销活动“烽火硝烟”，取得圆满成功。

2010 年 10 月，中数传媒召开“战略发展大讨论”会议，系统地总结了公司成立六年来获得的发展经验，研究目前面临的困难和下一阶段战略规划。根据大讨论内容，中数传媒科学规划整体发展战略和经营方针，集中优势资源，不断提升核心竞争力，据此形成了公司“十二·五”规划报告，为公司“十二·五”期间的发展打下坚实基础。

2010 年 12 月 17 日，根据国家广播电影电视总局及中央电视台关于纪录频道落地的有关文件精神，中数传媒协助台播送中心顺利完成了《CCTV——纪录》频道的加密传输。

2011

2011 年 1 月 1 日，中数传媒门户网站中国电视网全新改版推出，并开通新浪官方微博，为下一步公司全力打造付费电视产业提供最有力的互动平台，并为进一步连接产业上下游互惠发展打下了坚实基础。

2011 年 1 月 28 日，中数传媒在国家广播电影电视总局组织开展的“2010 年度技术维护先进台站”的评选工作中，从全国 110 家参评单位中脱颖而出，荣获“中心类一等奖”。

2011 年 4 月，中数传媒创新营销方式，分别在三亚、成都、南京三地分区域组织召开“2011 年有线网络公司年会”，围绕“沟通、服务与合作共赢”的主题，向全国各地网络公司介绍了新业务情况及下一步合作构想。

2011 年 5 月，中数传媒在桂林召开“2011 年付费电视高峰论坛”，论坛以“融合、创新、服务”为主题，围绕资源融合、行业创新、提高服务水平等方面进行探讨，为行业发展指明了方向。

2011 年 12 月 12 日凌晨，中数传媒配合台播送中心完成了 3D 试验频道加密传输工作，为次年元旦3D试验频道开播做好技术准备。

2011年，中数传媒在主营业务增长缓慢、项目创收困难的局面下，全力发挥集体力量，克服种种不利因素，标清销售额突破亿元大关，创历年最高。

2011年，中数传媒联合央视风云成功举办了“央视尊贵之旅”、“风云足球三人制赛事”、“成都数字电视缤纷汇”等系列推广活动，是公司整合营销全面起步之年。

2011年，中数传媒荣获国家广播电影电视总局“消防先进集体”称号。

2012

2012年1月1日9点30分，由中数传媒加密传输的中国首个3D频道《中国3D电视试验频道》正式向全国播出。

2012年1月1日，根据总公司的统一部署，中数传媒实施《企业会计准则》并配套更新财务软件，7月公司用友NC财务系统初始化工作通过了总公司和用友公司组织的检查验收，成为总公司系统内首批验收合格并正式启用新财务软件的公司。

2012年5月8日凌晨，中数传媒配合台新址完成了新址CCTV－3/5/6/8/9纪录和CCTV－1高清公共频道加密传输工作，第一次实现了节目平台CA系统远程加密传输新址公共频道信号；7月10日凌晨，中数传媒配合台新址完成了新址CCTV－3/5/8高清频道的加密传输工作；9月29日凌晨，中数传媒顺利保障CCTV－3/5/8高清频道上星传输，并实现对新址CCTV－3/5/8高清频道信号的监看。

2012年6月18日，中数传媒严格按照总局62号令各项要求，圆满完成了总局安全播出大检查工作，受到总局领导好评。

2012年7月1日，《中央数字电视集成运营平台管理办法（试行）》开始施行，是目前国内首个由付费电视运营机构出台的平台管理制度，对规范和促进中数平台各项业务健康、有序发展，维护公司及合作机构合法权益具有重要的指导意义。

2012 年 7 月 30 日至 8 月 3 日，“第二届数字群英会－海拉尔会议”在内蒙古呼伦贝尔市举行，中数传媒第一次全面展示了公司整体架构及发展蓝图，第一次全程微博直播，向行业同仁及各地有线网络公司展示了中数传媒的实力。

2012 年 9 月，中数传媒首次向国家广播电影电视总局上报《中央数字电视集成运营平台频道发展情况报告》，结合市场实际，对中数平台付费频道的发展状况深入分析，维护和完善了行业发展环境，促进了国内付费电视产业的健康有序发展。

2012 年 10 月，中数传媒在厦门召开了 2012 年付费频道高峰论坛，论坛围绕“加强管理、健康发展”的主题展开讨论，对促进付费电视行业健康发展起到了推动作用。

2012 年，中数传媒全力以赴，打破桎梏，首次与地网实现销售数据对接，全面了解付费电视市场整体状况，真实反映地网实际销售情况。在此基础上，进一步完善频道分账体系，由之前的主观定性向客观定量分析转变，使平台频道指标考核更加科学，为公司今后全成本核算及长效发展奠定坚实基础。

2012 年，中数传媒启动全面预算管理，强化财务经营分析，建立合同预警机制，从“事后管理”向“过程管理”转变，确保各项经营活动一直处于制度的监控、监督中，确保目标制订与实际差异得到有效控制，防范经营风险。

2012 年年底，中数传媒获得了中央电视台央视版权节目 VOD 业务授权，为公司 2013 年新开展的 VOD 业务提供了有力保障。

2013

2013 年伊始，中数传媒在稳步推进传统主营业务的同时，不断探索创新业务，梳理新媒体战略方向，把 VOD 业务作为重要战略方向之一，全力推进视频点播增值业务。

2013 年上半年，中数传媒配合台新址完成了 CCTV－2/7/9 和 CCTV－10/12/14 高清公共频道的加密传输工作。

2013 年 6 月，中数传媒在总公司组织的第二届职工羽毛球比赛中，经过激烈角逐，获得团体第二名的好成绩。

2013 年 6 月 30 日，中国电视网流量达到历史最高的 1288552 人次。

2013 年 7 月，中数传媒与广东省汕尾市政府合作举办了“CCTV 数字电视红海湾沙滩音乐节”活动，进一步扩大了中数传媒及央视付费频道品牌知名度。

2013 年 8 月 1 日，中数传媒顺利完成“营改增”税收制度转换，自此，付费电视业务结束了政策保护与扶持期，进入了市场竞争的新阶段。

2013 年 8 月 18 日凌晨，中数传媒配合台播送中心成功完成《CCTV－体育赛事》频道的加密传输工作。

2013 年 9 月，中数传媒在延吉召开 2013 年付费电视高峰论坛，“转型创新、共谋发展”的论坛主题得到参会代表积极响应，论坛获得圆满成功。

2013 年，中数传媒及央视风云结合各部门的培训需求，制定了一套内训与外训相结合的全年培训计划，全面引进了体验式互动培训内容，分别开展完成了中层培训、基层员工培训、新员工入职培训以及形式多样的专业内训工作，有效地提升了团队凝聚力，为建设更加具有战斗力的员工队伍奠定基础。

2013 年 10 月 28 日，中数传媒公司成立十周年。

2013 年 11 月，中数传媒在云南普洱成功举办了“2013 中央数字电视高峰论坛暨付费频道及新业务推介会”，会议向业内全面展示了中数传媒业务资源，达到了合作共赢的预期效果。

2. 央视风云十年大事记

2004

2004 年 5 月 18 日，央视风云传播有限公司（简称“央视风云”）成立，它是经国家广播电影电视总局批准，由中央电视台和中国国际电视总公司投资组建的付费电视节目制作公司，从此，中央数字电视平台自办付费电视频道拉开了帷幕。

2004 年 8 月 9 日，央视风云正式推出了 6 个中央电视台付费电视频道，在全国第一个标出价格，开始正式收费，这标志着中国的付费电视开始起步。它们分别是：《世界地理》频道、《风云音乐》频道、《第一剧场》频道、《风云剧场》频道、《足球》频道和《城市体育》频道。

2004 年 8 月 14 日，央视风云与美国国家地理频道签署了战略合作协议，这是央视风云与境外节目提供商的第一次合作。

2004 年 10 月 1 日，中国卫星电视长城平台在北美开播，央视风云承制的《CCTV－娱乐》、《CCTV－戏曲》两个付费频道在美国落地播出。

2004 年 10 月 19 日，央视风云与 HBO（亚洲）在北京签约，从此，中国电视观众离好莱坞不再遥远。

2004 年 10 月 28 日，央视风云审片委员会成立，为各频道的节目进行审看、把关，确保了频道的宣传导向与节目规范。

2004 年 11 月 1 日，中央电视台《怀旧剧场》付费频道开播。

2004 年 11 月 1 日，《电视指南》频道正式向全国播出。该频道是第一个面向全国观众在开路中播出的、以介绍中央数字节目平台上付费电视频道内容为主的导视频道。四档自制栏目当日开播：《整点冲击播》、《数字飙榜》、《精选黄金档》、《我喜欢我推荐》。

2004 年 11 月 12 日，中央电视台付费频道《足球》和《城市体育》正式更名为《风云足球》和《高尔夫·网球》频道。

2005

2005 年 1 月 1 日，中央电视台《央视文化精品》付费频道开播；同一天，《风云音乐》频道全面升级，实现全频道立体声播出，成为中央电视台乃至全国第一家实现全频道立体声播出的电视频道。

2005 年 9 月，央视风云成功承办“第六届 CCTV 模特电视大赛”，并推出中国第一支超级男模演唱组合——风云组合，进军演艺娱乐经纪市场。

2005 年，央视风云初步建立了囊括全球一流节目提供商的商务合作网络，其中，与国家地理、HBO、韩国 KBS 电视台已经建立了稳定的合作关系。

2006

2006 年 1 月 17 日，由央视风云传播有限公司、中航公关广告有限责任公司共同出资组建的君之天影视文化传媒（北京）有限公司在北京成立，央视风云委托其运营中央电视台《国防军事》付费频道。

2006 年 3 月，央视风云建立和完善了集文案、制作、编辑于一体的包装制作网与编辑制作网，并高水准完成台内大型项目《赢在中国》的整体包装和节目制作，获得社会各界的广泛好评。

2006 年 5 月 8 日，中央电视台《国防军事》付费频道开播。

2006 年 5 月 8 日，由央视风云传播有限公司和《体坛周报》社共同出资组建的央视体坛传媒文化（北京）有限公司在北京成立，央视风云委托其运营中央电视台《高尔夫·网球》付费频道。

2006 年 5 月 10 日，央视风云与美国自由媒体集团旗下的映佳国际传媒签约。《央视文化精品》频道改版，增加“真实档案”节目，为中国电视观众成规模地引进新的节目样式“真实秀”。

2006 年 8 月 9 日，中央电视台《女性时尚》付费频道开播。

2006 年 8 月 28 日，中国电视长城平台（欧洲）在法国落地，《CCTV－娱乐》和《CCTV－戏曲》频道通过 IP 电视正式播出。

2006 年 9 月至 11 月，《第一剧场》频道首次联合 HBO（亚洲）在宁波等六个重点地网开展“罗马的荣耀”大型有奖促销活动，频道实现了 7000 多户的新增用户数量，为今后长期的推广合作开辟了新模式。

2007

2007 年 3 月，央视风云成立电视剧集成部，陆续改版各电视剧频道。《第一剧场》频道以“热门影院”为核心内容；《怀旧剧场》频道引进亚视经典电视剧，打造以古装剧、武侠剧、历史剧为主的经典电视剧频道；《风云剧场》频道进一步突出频道的女性化定位。

2007 年 6 月，央视风云改版《央视精品》频道，推出“CCTV 精品节目排行榜”与“全球真实电视节目排行榜”，强化突出“综合化精品节目排行榜”的频道定位。

2008

2008 年 1 月 1 日，中国电视长城平台（拉美）落地，《CCTV－娱乐》和《CCTV－戏曲》频道覆盖中美洲地区播出。

2008 年 5 月 12 日，四川汶川大地震。在国家哀悼日（5 月 19 至 5 月 21 日）期间，中央电视台所有付费频道首次与中央电视台新闻频道并机播出。为了配合抗震救灾，各频道及时调整编排内容，采取特殊编排方式，充分体现了国家媒体在突发事件中所具备的应变力和执行力。

2008 年 6 月，《女性时尚》频道与世界知名杂志《VOGUE》合作自制栏目《风格汇》，与专业男士时尚杂志《高峰敖》合作自制栏目《高峰品位》顺利播出，通过整合社会资源，共同制作原创节目。

2008 年 8 月，根据中央电视台统一部署，《风云足球》和《高尔夫·网球》两个付费频道承担起奥运直播工作，并暂时更名为《奥运足球》和《奥运网球》频道，期间出色地完成奥运报道任务，同时借奥运之势成功地宣传了中央电视台付费频道品牌。

2009

2009 年 1 月，《风云音乐》频道与韩国最大的综合娱乐媒体希杰集团签署战略合作协议，引进了明星现场排行榜、娱乐资讯等节目，联合举办了韩国天团 WONDER GIRLS 歌会、性感天后李孝利歌会等系列“风云歌会”活动。

2009 年 9 月底，央视风云开办长城平台导视节目《精彩看长城》，成为长城平台上第一个介绍节目资讯、平台信息和开展观众互动的电视栏目。

2009 年 10 月，央视风云拍摄制作天安门广场 LED 大屏幕宣传片，顺利完成新中国成立六十周年国庆庆典任务。

2010

2010 年 4 月 17 日，《风云音乐》频道在河南洛阳顺利举办《环球红歌盛典》活动，该晚会是在频道栏目《环球红歌榜》基础上重磅推出的年度大典，是《风云音乐》频道开拓大型晚会市场的首次尝试。

2010 年 10 月，中国电视长城平台（东南亚）落地，《CCTV－戏曲》和《CCTV－娱乐》频道覆盖东南亚全境播出。

2010 年 11 月，由中国广播电视协会数字付费频道工作委员会首次举行的“2003 年—2009 年中国广播电视数字付费频道行业评估”中，《第一剧场》频道“电影精选”、《女性时尚》频道“风格汇”和

《世界地理》频道“中国地名”荣获“全国播出频道一等创优栏目”奖；《央视文化精品》、《风云音乐》等频道中六个栏目分别获得二等、三等优秀栏目奖。在“2009年全国广播电视数字付费行业评估”中，《世界地理》、《第一剧场》和《风云音乐》频道获得“行业最佳频道”称号，《国防军事》频道获得“行业优秀频道”称号，《高尔夫·网球》频道获得“最受目标观众欢迎频道”称号。

2011

2011年年初开始，央视风云各频道按照计划，分步骤，有条不紊地进行改版。以明晰频道定位、强化节目内容为原则，各频道以更加合理的板块设置，更加专业的内容选择，更加时尚的包装设计，全心为付费电视用户服务，进一步打造专业化的付费电视品牌。

2011年4月，以央视风云为主摄制的大型纪录片《玉石传奇》在台纪录频道顺利播出，并入选第七届“中国纪录片国际选片会”参评节目。

2011年7月开始，央视风云进行各频道的磁带清点回收工作。截止到2011年年底，共清理回收各频道资料带1700盘。同时，为台回收磁带155盘，为公司节约了成本。

2011年8月到12月，央视风云完成清产核资工作，从而进一步健全了财务制度，强化了财务监督。

2011年9月25日，由《风云音乐》频道发起的大型活动“三国演艺——中日韩风云音乐盛典”在国家体育场（鸟巢）成功举办，数百家媒体对该活动进行了报道，进一步提升了央视风云的社会知名度。

2011年9月，公司加大力度对合同流程进行了全面梳理和规范，主要针对合同归档和合同实际履行情况进行排查，并就发现的问题提出相关解决方案。同时还对合同管理制度和审批流程进行了修订完善，增加监督合同履行情况和违规处罚条款。

2011年10月，央视风云对行政办公管理制度、人力资源制度、节目管理制度进行重新梳理，并汇编成册向各部门下发传达，公司在现代企业制度建设方面进一步完善，体现了公司管理逐步正规化、科学化。

2011 年 10 月 21 日，央视风云根据台领导指示紧急成立 3D 频道筹建工作组，利用短短不到两个月的时间，完成了《中国 3D 试验频道》的筹备工作，得到总局领导及台领导的充分肯定。

2011 年，由中国广播电视协会数字付费频道工作委员会举行的“2010 年中国广播电视数字付费频道行业评估”中，《怀旧剧场》和《央视文化精品》频道获得“行业最佳频道”称号，《风云剧场》频道获得“行业优秀频道”称号，《女性时尚》频道获得“最受目标观众欢迎频道”称号。《风云音乐》频道“网络演歌台”等四个频道中四大栏目（节目）获得“一等优秀栏目（专题节目）奖”，《电视指南》和《央视文化精品》频道两个节目获“二等专题节目奖”，《风云音乐》等七个频道中七个栏目（节目）分别获得三等优秀栏目（节目）奖。

2012

2012 年 1 月 1 日，由央视风云负责筹建的中国首个 3D 频道《中国 3D 电视试验频道》正式开播。上午 9 点 30 分，在中央电视台三楼播出机房举行了隆重的开播仪式。中宣部、广电总局、国家发改委、科技部、财政部以及六家合办电视台等有关单位的负责人参加了开播仪式。3D 电视试验频道的开播，在我国广播电视史上具有重大意义，标志着我国电视紧跟世界发展潮流，迈入了新的发展阶段。央视风云不辱使命，在时间紧、任务重的情况下，出色地完成了任务。

2012 年 2 月 6 日，中央电视台《央视台球》付费频道开播。

2012 年 4 月 18 日，由央视风云主办的“中国 3D 电视试验频道工作交流会”在京隆重召开，来自广电总局、中央电视台以及北京、上海、天津、江苏、深圳五家合办电视台代表以及相关企业、专家参加了会议，共同探讨中国3D电视的未来。

2012年5月9日，中央电视台纪念五四运动暨青年表彰大会举行。央视风云3D频道编辑部荣获中央电视台“青年文明号”的荣誉称号。

2012年6月9日开始，《中国3D电视试验》频道对2012年欧洲杯足球赛进行了长达24天的全程直播，为观众呈现出前所未有的立体观赛氛围。

2012年7月，央视风云版权信息管理系统正式上线。实现了与编播管理系统和媒资系统对接，为充分利用节目资源，更好地进行节目版权信息管理与开发，提供了保障。

2012年7月至9月，《CCTV－戏曲》频道首次与台本部合作，面向海内外成功并机直播了41场“第七届全国青年京剧演员电视大赛”的赛事节目，并在之后并机播出了《花好月圆——2012年中秋戏曲晚会》，满足了海外华人对戏曲节目的需求。

2012年7月13日，《第一剧场》频道创办了中央电视台首个解读微电影文化的栏目《微影天地》，这是一档集中展现“微电影”领域的动态资讯，全面解读“微电影”制作的台前幕后的栏目。

2012年7月15日至9月15日，央视风云与中数传媒共同举办了“风云一夏——CCTV付费频道暑期促销活动”。这是中数和风云首次联合举办的全国性大型付费频道促销活动，活动覆盖吉林、山东、江苏、湖北、广东五省的十一个城市。

2012年7月28日凌晨4点，《中国3D电视试验频道》开始了为期12天的伦敦奥运会转播工作。这是奥运历史上首次采用3D技术进行全程拍摄转播，也是我国第一次3D奥运转播。

2012年8月31日，央视风云3D奥运转播团队两位成员在我台举行的“中央电视台奥运报道暨台长特别奖表彰会”上获得了“中央电视台台长特别奖”。

2012年10月17日，曾制作《阿凡达》、《3D泰坦尼克号》等电影的著名国际影视机构美国卡梅隆·佩斯集团人员至我公司进行商谈，就目前3D产业发展前景及在节目内容、技术、制作等方面的合作进行了探讨，我方于11月组团出访美国，考察美国的3D市场状况。

2012年下半年，央视风云启动高清虚拟演播室系统改造项目，同时购置高清电视后期包装制作系统及三讯道3D EFP系统，公司的制作力量与制作水平得到大幅提升。

2012年，央视风云3D频道编辑部拍摄制作的专题片《景泰蓝——绽在指间的火焰艺术》荣获首届国际3D协会中国区提名奖、中国电影电视技术学会3D影视作品最佳奖、“索尼杯”3D影视作品电视专题类佳作奖，以及中国电视艺术家协会立体委员会“2012年度优秀3D电视作品奖”。

2012年，央视风云积极拓展与境外相关机构的业务联系，深入探讨与各国驻华使馆、文化机构的合作模式，先后与阿根廷、匈牙利、意大利、俄罗斯、丹麦等国使馆和文化中心进行了会谈，取得了超过50部电影、纪录片和演唱会样片，及部分节目的免费授权，丰富了风云各频道内容。

2012年，公司启动全面预算管理，实行新的企业会计准则，建立合同预警机制，对整体经营活动进行一系列量化的计划安排，建立科学有效的预算管理制度。

2012年，由中国广播电视协会数字付费频道工作委员会举行的“2011年中国广播电视数字付费频道行业评估”中，《风云足球》频道获得“行业优秀频道”称号。《第一剧场》频道的微电影《下半场》获“一等系列节目奖”，《电视指南》频道两个专题节目获得“一等优秀节目奖”，《央视台球》频道“精彩一杆——2010年斯诺克上海大师赛精彩瞬间”获“二等专题节目奖”，其他五个频道的七个节目分获二等、三等优秀节目（专题）奖。

2013

2013年1月10日至13日（即农历大年初一至初四），一部记录蛇年春晚幕后创作历程的3D纪录片《春晚是怎样炼成的》在《中国3D电视试验频道》播出。该系列纪录片是由央视风云3D制作团队对2013年春节联欢晚会的幕后创作过程进行了三个月的全程跟踪拍摄创作而成，共4集，每集30分钟。

2013年4月，央视风云正式启动虚拟演播室的使用，《世界地理》频道“中国大观”栏目、《女性时尚》频道“尚峰汇”栏目，经过包装部精心打造，在相关频道精彩呈现。

2013年4月27日，《央视台球》频道在陕西西安举办了频道落地仪式。陕西省网成为首个落地《央视台球》频道并实现该频道全省覆盖的省网公司。

2013年，央视风云《第一剧场》、《风云剧场》、《怀旧剧场》、《央视文化精品》、《女性时尚》、《风云音乐》等频道对频道整体包装进行了全新改版，全部采用高清素材及格式，强调突出频道品牌个性概念，依据各频道定位、宗旨，在创意、画面、色彩、音乐上精艺求新，迎合观众口味，为有效提升频道辨识度和影响力提供帮助。

2013年5月16日，由央视风云承制的中国首部3D人文纪录片《国脉》，在中国国家博物馆数码影院正式上映，该片于5月18日即“国家博物馆日”在《中国3D试验频道》播出。

2013年上半年，根据台内标清转高清和文件化播出整体进程的推进，央视风云开始设计和规划高清网络文件化制播流程及高清付费节目制作岛系统方案。该系统已于2013年12月完成终验，进入试运行阶段。

2013年6月，央视风云在总公司组织的第二届职工羽毛球比赛中，经过激烈角逐，获得团体第七名的好成绩，展现了公司员工的良好风貌。

2013年7月中旬，经北京市国有文化资产监督管理办公室审查，央视风云顺利入围首届“北京市文化企业三十强、三十佳”候选单位；10月中旬，央视风云成为有资格进驻其兴建的“北京文化创意产业展示中心”的200家展示企业之一，对我公司的对外宣传推广，树立企业形象，起到了积极的推动作用。

2013年，央视风云依托内容和品牌优势，推出又一核心产品——CCTV视频点播。整合央视优质节目和国际一流品牌，首批开发“养生包”、“军事包”、“少儿包”、“经典影视包”等6大主题产品。

2013年年底，由国家广播电影电视总局和四川省人民政府主办的国际性影视节“第十二届四川电视节‘金熊猫’奖国际纪录片评选”结果揭晓。央视风云3D频道编辑部拍摄并选送的3D纪录片《春晚是怎样炼成的》之《第一集：美丽变形记》和《景泰蓝——绽在指间的火焰艺术》荣获2013“金熊猫”奖国际纪录片作品评选活动入围奖。

2013年，由中国广播电视协会数字付费频道工作委员会举行的“全国付费频道行业十周年评优”活动中，《世界地理》频道的“欧洲大观”和“玉石传奇”及《风云音乐》频道的“娱乐星热点”分别获得“一等优秀栏目（专题）奖”，《第一剧场》等六个频道14个栏目（专题）分别获得二等、三等优秀栏目（专题）奖。

2014

2014年年初，第二十届上海电视节“白玉兰奖”节目征集活动全面启动。央视风云自制纪录片《春晚是怎样炼成的》、《黄河古镇－碛口》、《微山湖上的北方水乡－南阳》、《乡土滋味·北京》通过台内初审，获得代表中央电视台申报本届上海电视节的资格。

2014年5月18日，央视风云公司成立十周年。